没有在成长
跌倒过的人，
不足以谈人生

陈 西 编著

辽海出版社

图书在版编目（CIP）数据

没有在成长中跌倒过的人，不足以谈人生 / 陈西编著 . — 沈阳：辽海出版社，2017.10

ISBN 978-7-5451-4460-4

Ⅰ . ①没… Ⅱ . ①陈… Ⅲ . ①人生哲学－通俗读物 Ⅳ . ① B821-49

中国版本图书馆 CIP 数据核字（2017）第 266419 号

没有在成长中跌倒过的人，不足以谈人生

责任编辑：柳海松
责任校对：丁　雁
装帧设计：廖　海
开　　本：630mm × 910mm
印　　张：14
字　　数：155 千字
出版时间：2018 年 5 月第 1 版
印刷时间：2019 年 8 月第 3 次印刷

出版者：辽海出版社
印刷者：北京一鑫印务有限责任公司

ISBN 978-7-5451-4460-4　　　　定　　价：68.00 元

前言

人生就像一次旅行，沿途会遇到鲜花也遇到荆棘，会看见阳光也会看见阴云。然后，穿越平坦或崎岖的道路，走向人生的另一个尽头。

年轻时，我们经常会遭遇失败和挫折，或是失去了爱恋的情人，或是搞砸了生意，或是遭到了病痛的打击……我们的内心充满了恐惧和彷徨，害怕继续向前迈进。因为我们害怕遭遇更大的失败和打击，所以会刻意绕过一些荆棘和泥泞，刻意逃避那些失败和挫折。然而，这真的对我们的人生有益吗？

一只蝴蝶挣扎着想从蛹里出来，路人出于好心帮蝴蝶剪开了蛹。但没想到，蝴蝶出来以后，翅膀却张不开，最后死了。

挣扎的过程正是蝴蝶所必需的成长过程，路人虽然让它当时舒服了，可也使它没有了力量去面对生命中更多的挑战。

人的成长也是如此，长大是需要勇气的，逃避或是躲在别人的屋檐下，永远也无法独自生活。如果你希望能化身成蝶，那你就得忍受在蛹里挣扎的痛苦过程，这样才能展翅高飞。

成长本来就是一件“伤筋动骨”的事情，我们总是在伤痛中获得成熟。那些曾经的跌倒是长大的基础。没有永远的一帆风顺，不经历风雨，则难见彩虹。未曾输过，你很可能会有一次惨烈的失败；未曾饥寒，你很可能会落入贫困的境地；未曾拼搏，属于你的成功便不会太久；未曾失去，你就不知道拥有是多么令人幸福。

走在路上的人，各有不同；经历的故事，也各有不同。不管是怎样的人，他们走，或者停，都无定数。我们的生命也是如此，走也好，停也好，并无定数，但可以确定的是，努力和追逐是不变的旋律，这就是生命的意义。生命不息，奋斗不止，除非我们的生命终结。

人活在这个世界上，如果连奋力向前的经历都没有，那么人生也就太过无趣了。看看那些富有的、勇敢的人吧，在他们的人生路上，跌倒一定是常态，成功才是万一。

人生就要边走边悟，边悟边走。这场旅行，让人期待的并不是最终的目的地，而是沿途的风景。在前进的道路上，我们跌倒过、失败过、迷茫过、孤独过……但这些不就是青春该有的吗？我们高兴过、流泪过、期盼过、失望过，也坚持过、放弃过，但是这些不正是我们成长过程中必须面对的吗？

成长是需要代价的，那些跌倒了又爬起来的人，才会真正走好下一段路。

目 录

第一章　那些牵绊我们的不幸，可能是拯救我们的幸运

第二章　只要内心勇敢，随时可以从头再来

第三章　追逐梦想的路上，汗水也是甘甜的

第四章 勇敢地做一次自己，精彩地活一次

第五章 选择了远方，就要风雨兼程

第六章　放下之后，还有什么不能释怀

第七章　没有了爱和希望，世界将变成灰色

第八章　张开双手，向着阳光的地方奔跑

第一章　那些牵绊我们的不幸，可能是拯救我们的幸运

人生难以预料，上天好像总是在想尽办法阻止我们前进。在人生的道路上，总是会突然出现一些绊倒我们的“石头”，让我们跌得头破血流。曾经，我们为自己的不幸抱怨、哭泣，甚至自暴自弃，但是最后才发现，这些“石头”是我们打开成功大门的“钥匙”，而那些牵绊我们的不幸，则可能是拯救我们人生的幸运。

缺陷是上帝咬过的苹果

西方流传着一种说法：世上每个人都是上帝咬过的苹果，都是有缺陷的。上帝是十分公平的，不会将所有的幸运都给一个人，也不会将所有的不幸都加在一个人的身上。当你获得一分幸运时，上帝必然会给你几分痛苦；当你遭遇几分苦难时，上帝自然也会在将来给予你更多的幸福。所以，当我们的人生缺一角时，不要怨恨上帝的不公平，也不要埋怨自己的不幸，要想象自己就是上帝特别钟爱的苹果，要坚信通过自己的努力必然会赢得完美的人生。

月如是我童年最好的玩伴，在我的记忆中，我们从相识起，她就是一个跛脚的女孩，身边的小伙伴时常叫她“瘸子”来取笑她，我还曾为此与小伙伴打过架，因为我不希望他们笑话我的朋友。然而，不知是月如天生乐观，还是心中懂得隐忍，我似乎从未见她因此而生过气。

上大学后我便与月如失去了联系，多年后，当我再见到她时，她已经是一家车行的老板。我惊讶于她的成绩，问她如何取得今天的成就，她笑着回答我：我没有健康的身体，所以我付出了比正常人更多的努力，别人吃不了的苦，我都愿意吃，所以我得到了正常人不容易得到的机会。

没有什么传奇的经历，也没有什么不寻常的过往，只因知道自己的缺陷，她付出了更多的努力，最终取得了成功。所以，不要抱怨缺陷，每一种缺陷都可能是你成功的诱因。

维纳斯的美丽，在于她的断臂，在于她给了我们无限的遐想。没有缺陷，就不会有完美；没有失去，就不会有收获的喜悦。倘若每个人都是完美无缺的苹果，那么世界就会变得平淡无趣，何来色彩缤纷？如果每个人的人生都完整无缺，那么人生就会变得平庸寡味，何来波澜壮阔？

帕格尼尼就是被上帝特别青睐的一个苹果。他 4 岁时因出麻疹，险些夭折；7 岁时又患了肺炎，险些没活过来。即使成名之后，他也在不断地和病魔做斗争，46 岁时，他的牙齿就因为疾病而全部掉光；47 岁时，双眼视力急剧下降，几近失明；50 岁时，他不得不接受失声的不幸。也许人们会说，上帝似乎对帕格尼尼太残忍了，然而，上帝是公平的，他又赐予了帕格尼尼非凡的天赋，他 3 岁就显示了出色的音乐天分，8 岁时已经在意大利小提琴界小有名气，12 岁时就成功举办了人生第一次音乐会，并大获成功。之后，他成为举世闻名的小提琴家，将自己的琴声传遍了全世界，并用独特的指法、弓法和充满魔力的旋律征服了整个世界。德国著名的诗人歌德曾经说他是“在琴弦上展现了火一样的灵魂”。

有一个圆被切去了一块，所以它总是希望自己恢复完整、没有任何缺陷的完美身体。于是，它便四处寻寻觅觅，试图寻回自己缺失的那部分。因为它缺了一角，所以只能慢慢地滚动，当然也使原本有缺陷的身体碰撞出更多的裂缝。尽管已经伤痕累累，但是因为滚动得慢，所以它可以闻到路边野花的清香，听到树上小鸟婉转的歌唱，品尝清澈溪水的甘甜……

一路上，它寻找到各种不同的碎片，但是没有一块是属于自己的。于是它只能丢掉那些碎片，继续踏上寻找的道路。也许是上帝不忍心让它继续带着残缺赶路，于是将最适合它的一块碎片送到了它的脚下。它迫不及待地将这块碎片拼在自己身上，终于成为一个完整、圆满的圆。当它再次开始滚动时，已经不会像过去那样磕磕碰碰了，也不会使自己撞得满身伤痕，最令它兴奋的是，它可以滚动得飞快。它从来没有这么飞快、毫无磕碰地滚动过，所以它愉悦地哼唱着自己喜欢的歌曲，飞奔在平坦的路上。

慢慢地，得到完美的兴奋和激情逐渐退却，它发现自己只剩下飞快的滚动，以至于无法控制自己慢下来。身边掠过的只是模糊的景象，往日野花的清香、鸟儿的欢唱都离自己而去。于是，它在路旁停下来，将找到的碎片丢下，开始像原来一样缓慢地滚动。

每个人都是缺了一角的圆，而这一角就是人生中的缺陷、苦难和挫折。我们只有带着它行走人生，才能细细品味人生真实的滋味。尽管在路途中避免不了磕磕绊绊，却能使我们在伤痕之中成熟、成长。如果我们试图使自己的人生完美，如同完美无缺的圆一般，那么就只能乏味、疲劳地奔跑在道路上，无法去欣赏路上美丽的风景、品尝人生中酸甜苦辣等不同的滋味。如果一个人没有品尝过人生百味，岂不是枉在这人世走一遭？

不碰撞礁石，难以激起美丽的浪花

茨威格说：命运总是喜欢让伟人的生活披上悲剧的外衣，总是喜欢用最强大的力量来考验最强大的人物。命运总是在成功人士前进的道路上设置重重障碍，以便让他们在追求真理的道路上锻炼得更加坚强。不错，历史上那些取得成就的人，通常会承受比普通人更多的磨难和挫折，然而正是因为他们没有被磨难压倒，反而将它们变成奋斗的动力，勇敢地击碎它们，所以才能走向最终的辉煌。

就像海水只有猛烈地撞击礁石才能激起美丽的浪花一样，人们只有经历艰苦的考验才能获得巨大的成功。现在大部分人生活在富裕、舒适的环境中，没有经历过太大的风雨、没有吃过太多的苦，所以在不知不觉中失去了承受苦难和挫折的能力，更失去了挑战困难和挫折的勇气。以至于很多人遇到很小的挫折便失去了前进的信心和勇气，我们不是经常看到“某某学生因为考试失利而跳楼自杀”“某某男子因为失恋而割腕”等新闻吗？看到这样的情况，我们心中不仅产生这样的疑问：是不是我们的环境太过优裕了，是不是我们的内心太脆弱了，以至于承受不起打击和痛苦？

其实，苦难和挫折并不可怕。人生中并非都是鲜花和掌声，也并非都是舒适、优裕的环境。在前进的道路上，我们不可避免地会遇到大大小小的苦难和挫折，只要我们以平常心看待它们，增强自己的信心和勇气，就可以走出困境，战胜挫折。

正如奥斯特洛夫斯基所说："人的生命如洪水奔流，不遇着岛屿和暗礁，就难以激起美丽的浪花。"我们的人生之海中礁石密布，而这礁石就是生活中的不幸、苦难和挫折，如果我们勇敢地面对它们，就可以激起最美丽的浪花；如果我们自作聪明地避开它们，就只能平庸地走完一生。

中秋是钱塘观潮的最好时节，总是听说钱塘江大潮是异常壮观的景象，于是我突然产生了前往钱塘江观潮的念头。果然，前来观潮的人简直是人山人海。我站在远处观景台远眺钱塘江出海口，只见远处一波浪潮向岸边涌来，犹如万马奔腾般气势宏大。当浪潮遇到近处的河床和岩石时，立即掀起几米高的巨浪，激起无数美丽的浪花。一波浪潮过去后不久，下一波浪潮又排山倒海地涌了过来，奔腾的海水猛烈地撞击在岸边的海塘上，顿时撞出一团巨大的浪花，雪白的浪花飞向天空，甚至溅到观潮的人们身上。顿时，人群中响起巨大的欢呼声和尖叫声。人们常说，"滔天浊浪排空来，翻江倒海山可摧"，看到壮观的钱塘江大潮，我才领略到什么是巨浪滔天，什么是排山倒海！

在平坦的沙滩上，海水只能安静地涌向岸边，即便狂风卷起了海浪，到了平坦的沙滩也只能偃旗息鼓，平静地走向生命的尽头。而在礁石丛生的海岸，或是地形险要的岛屿，海水就会激起美丽、壮观的浪花，绽放出最绚烂的花朵。海水击打岩石的时候，是它最绚烂的时候，尽管这绚烂是那么的短暂，尽管它必须付出粉身碎骨的代价。但是它知道，只有去碰撞，才会击出美丽的浪花；否则它只能平平静静地走完自己的一生，最终毫无意义地消失于岸边的沙滩之上。

我们的人生又何尝不是如此？挫折、苦难犹如巨大的礁石一般，挡在我们前进的道路之上。如果贪图安逸的生活，不敢挑战面前的挫折，那么就只能平平庸庸地度过一生。我们要学习勇敢撞击礁石的海水，即便粉身碎骨，也要赢得最美丽、最壮丽的瞬间。

法国著名画家米勒年轻时曾经有过一段很长的困难时期。开始，没有人欣赏他的才华，没有人认为他可以成为出色的画家，他甚至连一幅画也卖不出去。面对这样的境遇，他陷入了贫穷和绝望的深渊之中。后来，为了缓解生活的压力，他不得不从喧闹的城市搬到偏远寂静的农村，但是这并没有使他摆脱生活的困境。

不过，美丽的乡村风景和恬静的生活却激发了他无限的创作灵感，他开始运用自己的画笔来描绘这美丽的风景、美丽的世界。虽然，他依然生活贫困，但是他仍然用心去感受生活的美好，并在此阶段创作了《播种》《拾落穗》等不朽的作品，最终获得了人们的肯定和赞扬。

精美的瓷器需要经历多次的烈火焚烧，才能形成美玉般的色泽；海水只有猛烈地撞击礁石，才能激起美丽的浪花。同样，我们每个人需要经受得住痛苦的磨炼，才能拥有更加坚强的意志，才能成就更大的辉煌。

跌倒了不要空手爬起来

记得有人说过："跌倒了不必急着站起来，先看看四周，找找看有什么可以捡的，再站起来！"这句话说得简单，却蕴含着深刻的道理。而且，说起来容易，却很少有人能真正做到。

一位朋友十分喜欢冒险，有一次他前往云南原始森林探险，经过了十几天的跋涉之后，终于走出了茂密的原始森林。呈现在他眼前的是一片广阔的绿地，有很多他从来没有见过的珍奇花草，眼前的景色俨然一片美妙的仙境。为了能够仔细观看远处珍贵的花草，他不禁加快了行走的步伐，谁知竟被绊倒了。但是他毫不在乎，爬起来继续向前走，可是没走几步，再次被绊倒。这次他没有马上爬起来，而是趴在原地，想看看绊倒自己的到底是什么东西。原来，他脚下竟是一种粗大的藤条，他又向远处望去，发现不远处竟有一片巨大的沼泽淹没在茂盛的花草之中。事后他才知道，绊倒他的那种植物最易生长在沼泽地边，因为养分充足所以生长得极其茂盛。后来，他听当地的老人说，这片沼泽曾经吞噬了多位游人的性命。朋友回来之后，心有余悸地对我说："如果我没有趴在原地察看，没有见到脚下的植物，那么今天你恐怕见不到我了。"

生活中，我们难免有被石头绊倒的时候，为了表现自己的坚强和不在乎，通常会若无其事地马上爬起来。有些人很少回头看自己走过的路，也很少寻找自己跌倒的原因，以至于在以后的日子还会被同样的石头绊倒。

其实，跌倒并不可怕，可怕的是每次跌倒后都空手站起来，还不以为意。跌倒了爬起来是一种勇气，但是跌倒之后能找到自己被绊倒的原因，能找到有价值的东西则是一种智慧。我们说得最多的就是“在哪里跌倒就在哪里爬起来”，但是我们更应该记住，当我们站起来的时候，不能让自己两手空空，否则我们还会在同一个地方、因为同一个原因而再次跌倒。

人生就如同行路一样，难免有遇到失败和挫折的时候，我们不仅要有勇敢面对失败的勇气，更应该有吸取失败教训的意识。只有我们从失败的经历中得到通往成功的经验教训，才能真正地站起来。当我们真正站起来的时候，就会发现所得到的东西远远比失去的更多。

玫琳凯是美国著名的化妆品女王，她是一位不甘平庸的女人，所以到了退休的年纪还雄心勃勃地创业，并创办了一家属于自己的化妆品公司。她所生产的产品虽然推向了市场，但是由于没有太大的知名度，所以销售情况一直不理想。为了打开销路，她决定拿出全部的积蓄举办一场产品展销会。尽管她怀着巨大的期望，但是展销会并不成功，甚至可以说非常失败，因为这一天她仅仅卖出 1~5 美元的产品。这样的结果让她难以接受，当她开车离开展会的时候，再也控制不住自己的情绪，坐在车内失声痛哭起来。

痛哭一阵之后，她的情绪得到了缓解，但是悔恨却随之而来。这次她将全部的积蓄都拿了出来，甚至连养老金都全部搭了进去。

她不敢想象，如果这次创业失败了，自己可能会过上流浪乞讨的生活。恐惧和悔恨全部向她袭来，此时她根本不知道该怎么办。就这样，她一直呆坐在车里。时间一分一秒地流逝着，也许过了一个小时，也许过了两个小时，突然一声响亮的鸣笛惊醒了她，她顿时醒悟过来，不禁说道："我这是在干什么，后悔根本解决不了问题。也许事情并没有那么糟糕，我应该尽快想办法解决目前的问题。"随后，她命令自己冷静下来，总结这次展会失败的原因。最后，她发现自己犯了一个常识性的错误：自己虽然在展会上展出了产品，但是并没有向外散发订货单，所以顾客认为她只是在展览而已。

找到了失败的原因，她很快就重整旗鼓，举办了第二次展销会。这次她吸取了上次的教训，考虑到所有需要注意的问题，各项准备工作都做得很好。果然，这次她取得了巨大的成功，产品销售量急剧上升，公司产品很快成为人们欢迎的化妆品品牌之一。后来，她的产品行销世界各地，公司员工多达十余万人，而她也成了世界上著名的化妆品女王。

我们在跌倒的时候，或是沉浸在疼痛之中，或是埋怨绊倒自己的石头，以至于没有时间来检讨自己被绊倒的原因。跌倒会给我们带来伤痛，但也给我们带来了经验与教训，我们只有记住这伤痛、记住这教训，才能避免在同一地方再次摔倒。在跌倒爬起来的同时，双手拿起有价值的东西，你才会收获更多的东西。

保护得再好，也没有从不受伤的人

小时候我们摔过许多跟头，所以有了孩子之后，总是“亦步亦趋”地跟在孩子身后，唯恐他们摔伤了自己；年轻时我们犯过很多错误，所以总是叮嘱孩子不要做这不要做那，以避免他们重蹈自己的覆辙；现在我们也许获得了一些成功，所以总是强迫孩子走自己走过的路，以便让他们获得更大的成功。

然而，所有的事情都适得其反，我们越是想要保护孩子，他们就越是想要挣脱我们的怀抱。他们宁愿一个人踉踉跄跄地行走，也要推开我们保护的手臂。果不其然，孩子重重地摔在了地上，于是我们便抱怨：“如果不是非要自己走，怎么会摔得这么疼？”

我们越是想要阻止孩子做这做那，想要强制他们走自己走过的路，他们越是逆着我们的心意，甚至有些滋生逆反心理的孩子故意与我们对着干。果不其然，他们犯了很多错误，走了很多冤枉路才获得成功，甚至有些孩子一败涂地。于是，我们便气愤甚至有些幸灾乐祸地说：“哼，谁让你不听我的劝告，非要自作主张。”

可是，仔细想想，这些跌倒和失败不正是成长时必须经历的过程吗？曾经的我们不也是急于摆脱父母的保护，急于走属于自己的道路吗？虽然我们也经历了无数的摔倒、失败，但是最终磨炼了自己的意志、增加了自己的阅历，从而获得了现在的成功。父母都有疼爱孩子之心，生怕孩子受伤，于是经常小心翼翼地叮嘱孩子不要玩刀子、不要爬高，甚至在吃鱼的时候会将鱼刺为他们剔除。但是，我们将孩子保护得再好，他们终究也有离开我们独自闯荡的一天，摔倒和失败就难以避免。

岁月无情，弹指间，我们的身躯不再挺拔，双鬓已现白发，而曾经在我们的宠爱和保护下，从来没有受到任何伤害的孩子则必须离开我们筑就的避风港，独自去面对外面的风霜雪雨，不得不经历生活的痛苦和磨难。然而，这些都是他们必须面对的，这就是成长必须付出的代价，这就是生活的真谛。

其实，人生不可能总是一帆风顺，必然会经历或多或少的不幸和挫折，虽然它会使我们伤痕累累，会让我们痛苦不已，但正是这些伤痕和痛苦让我们真正成长，让我们变得更加坚强。我们常说，成长是一件伤筋动骨的事情，我们总是在伤痛中获得成熟，因为没有伤痛就不能有所领悟，没有领悟又何谈成熟？

在英国国家海事博物馆里收藏着一艘特别的船，是英国劳埃德保险公司从荷兰买回来的，它之所以被收藏在博物馆中，是因为它有着令人不可思议的经历。这艘船自从1894年下水，曾138次遭遇冰山，13次起火，207次被风暴扭断桅杆。虽然船身已经伤痕累累，却从来没有沉没过。

后来，有一位刚刚打输官司的律师来到博物馆参观，他被这艘船的经历震撼了。虽然这不是他第一次打败官司，但是委托人却在不久前自杀了，这也是他第一次遇到这样的事情。他感到深深的自责，不知道如何劝诫那些遭受了不幸的人。当他看到这艘船时，想到了一个办法：我可以让那些人来参观这艘船。于是，他将这艘船的照片挂在了自己的律师事务所里，每当有不幸的人找他辩护时，他都建议他们观看这艘船。因为他想告诉他们：每艘在海上航行的船都是伤痕累累的，正是因为它们坚持航行，所以才能乘风破浪。

我们就如同航行在大海中的船只，只要在大海中航行，就会受伤，就会遇到灾难。如果你受了伤之后就自暴自弃，放弃了生活的信心，那么只能面临沉没的结果。所以，不管是风平浪静，还是巨浪滔天，都要勇敢地向前航行，这样我们才能到达胜利的彼岸。

最近，经常听到小区的人们谈论一个女人，这个女人我也认识，虽然不算熟悉，但是每次见面的时候都会打招呼。她刚刚过了三十岁生日，原本过着幸福、平静的生活，丈夫事业有成，两个孩子乖巧可爱，人们都说她是幸运、幸福的女人。然而，最近一年，她却接连遭遇了人生最大的不幸：丈夫在一次车祸中丧生，没过多久，一个女儿也被热水烫伤了脸，恐怕会留下终生的伤疤。之前她一直在做家庭主妇，很多年没有出来工作了，现在她不得不四处找工作，最后好不容易才在一家超市找到了工作。但是，微薄的工资根本不够支付她们的生活费用。后来，她想到丈夫生前好像买了一份保险，于是怀着满心希望找到了保险公司，却被告知她耽误了最后一次交保费的续交期，因此保险公司拒绝支付保费。

生活的重担和不幸的遭遇给了这个女人沉重的打击，她几乎陷入了绝望之中。但是冷静之后，她决定再试一试，希望可以拿到丈夫留下的保险金。于是，她再次来到了保险公司，要求见公司的经理，但是接待员却告诉她经理出去办事了。她只能站在经理室门前等候。中午了，经理还没有回来，所有的员工都出去吃饭了，她却忍着饥饿守在经理室门口。直到下午下班时，经理才回到公司，她立即陈述了自己的索赔要求和遭遇的不幸。这位经理是个心地善良的人，十分同情她的遭遇，经过再三思考，决定给予她应得的赔偿。后来，这位经理还给她推荐了一位皮肤科医生为她的女儿医治，虽然没有完全清除伤疤，但是疤痕淡了很多。

之后，女人的好运接踵而来，由于工作认真、勤劳务实，超市经理提拔她为生鲜部主管。后来，她又遇到了心仪的对象，两人结为夫妻，婚姻生活相当美满。

曾经这个女人有美满的家庭、可爱的孩子，在丈夫的保护和疼爱下，过着无忧无虑的生活。但是，接踵而来的不幸却彻底毁掉了她的幸福。这个曾经柔弱的女人不得不承担起家庭的重担，不得不为了抚养孩子而辛苦奔波。但是这些不幸和痛苦却给了她坚强和勇敢，当她勇敢地走出悲伤时，当她鼓起勇气争取保险金时，她已经完全战胜了不幸和痛苦，因此她迎来了更美好的生活。

因为痛，所以让人刻骨铭心

我们都希望自己的人生可以多一些快乐、少一些痛苦，多一些平坦、少一些波折，但是命运如同天气一样，最爱捉弄人。当我们满心期待平静快乐生活的时候，它却总是给我们增添一些苦恼和痛苦；当我们想要享受午后的阳光时，一朵阴云却遮住了太阳的光芒；当我们刚刚踏入职场，准备大展拳脚的时候，却传来了不好的消息——痛失爱人令我们痛苦不堪，失去了再爱人的勇气；陷入困境令我们迷茫无助，失去了向前走的信心；遭受失败令我们悲伤绝望，没有了从头再来的毅力。然而，谁的人生中没有痛苦和失败，谁的人生中没有浮沉和起落？这痛苦和失败就是人生对我们的磨炼，也是生活对我们的考验。

遭遇困境和痛苦，难免会令人陷入迷茫和无助之中，但是我们不能让自己陷入悲伤和绝望之中。我们必须穿过荆棘才能看到鲜花，必须走过泥泞才能踏上光明大道。当然，我们想要获得幸福的生活，想要取得事业的成功，就必须经历苦难和挫折。因为人生最重要的不是享受成功和快乐，而是能否经受得住失败和痛苦。蝴蝶只有经历了无数次的痛苦和磨难，才能拥有飞翔于蓝天的机会；而我们也只有经历了坎坷和磨难的考验，才能赢得属于自己的无悔人生。

美国有一位登山爱好者名叫阿伦·罗尔斯顿，他曾经是英特尔公司的一名工程师，后来离开了公司，专心于自己钟爱的登山运动。一次，他独自前往犹他州峡谷区徒步攀岩，但是一块松动滑落的巨石压住了他的右臂，并将他整个身体都挤在峭壁上。

在荒无人烟的峡谷，他不可能等到营救自己的人，想要活命就必须自救。于是，他忍受着剧烈的疼痛，试图用随身携带的多功能折叠刀划碎压着胳膊的石块，却毫无效果。后来，他又尝试用助爬钉撬动巨石，巨石却纹丝不动。就这样，在之后的三天里，他想尽办法脱身却徒劳无功，糟糕的是，随身携带的水和干粮几乎消耗殆尽。他想，如果再这样下去，自己即使不被巨石压死，也会被活活饿死。

于是，他想到了一个大胆的方法，既然胳膊拿不出来，那索性就切断它吧——失去一条胳膊显然比失去性命好得多。

接下来，他开始用多功能折叠刀割自己的手臂，但是由于前些天他不断用刀刃划石头，刀已不再锋利。最后，他豁出去了，竟使出全部的力气折断了手臂的骨头。剧烈的疼痛使他差点儿晕过去，但是他不得不那样做。

罗尔斯顿自残手臂得以脱身后，又凭借顽强的毅力爬过了一段狭窄、弯曲的峡谷，单手滑下18米的悬崖。直到他在峡谷中步行了10公里之后才遇到了两名徒步旅行者。当他被送到医院时浑身是血、全身虚脱，但是依然拥有清醒的意识。

后来，罗尔斯顿对人们说："在被困的5天里，有时我会去想如何摆脱这困境，有时我会感到痛苦迷茫，甚至有时产生了放弃的念头。但是，我意识到我必须冷静下来，如果我放弃了，那么就会永远埋葬在这荒芜的峡谷之中，无人知晓。我想到了家人和朋友，他们的鼓励给了我巨大的力量，让我绝境重生。"

断臂重生，这需要多么大的勇气和毅力，但是如果没有那番痛彻心扉怎么能迎来生命的奇迹？壁虎为了逃生而自断尾巴，蝴蝶为了飞向蓝天而痛苦蜕变，而我们的人生也只有经历了伤痛，才能在生活中留下刻骨铭心的印迹。人生在世，想要获得成功和快乐，就必须承受痛苦和挫折，这不仅是命运对一个人的磨炼，也是一个人成长必经的过程。每个人都必须经历蜕变的痛苦，才能拥有飞翔的力量和勇气；每个人都必须经历挫折和磨难，才能驱走人性中的惰性，促使自己奋发前进。

在人生的旅途中，我们有太多的伤痛、太多的无奈，也有太多的欢笑和泪水。有时候我们看不清，也看不懂生活的艰难和成长的痛苦，使自己陷入无尽的迷茫和无助之中。但是，当我们真正面临伤痛和苦难的时候才知道，只有经过痛苦的蜕变，我们才能真正地成长，真正地理解人生的真谛。

你今天吃的苦，将成为明天的甜

在古老的亚马逊平原上生活着一种独特的鹰，这种鹰飞行的时间最长、速度最快，所以被称为亚马逊平原的“飞行之王”，它的名字叫作雕鹰。据说，但凡被雕鹰看中的小动物，没有一个能逃过它们的追捕。雕鹰之所以如此强大，是因为它们在幼时经历了其他动物难以想象的磨炼。

一只幼鹰出生后，就要经受母鹰的残酷训练，于是它很快就学会了独立飞翔；可是幼鹰刚刚学会飞翔，母鹰就会将它带到高树上或是悬崖边，然后将它从高处推下去。有些强壮的幼鹰经过了考验，从而增强了自己的飞行能力。可是，有些弱小或是胆小的幼鹰就会被活活摔死。

而那些能够胜利飞行的幼鹰并没有结束残酷的训练。母鹰会把它翅膀上的大部分骨骼啄断，然后再将它从悬崖处推下去。幼鹰如果想要活命，就必须忍着疼痛拼命地扇动翅膀来飞翔。很多幼鹰在这时成为悲壮的牺牲品，但是母鹰绝不会停止这种“残忍”的训练。当然，当幼鹰经历了这种生死考验之后，就如同浴火的凤凰一般，成为亚马逊草原上最强大的“飞行之王”。

据说，曾经有一位好心的猎人动了恻隐之心，将跌落悬崖的受伤幼鹰带回家。他接上了幼鹰被折断的翅膀，包扎好幼鹰的伤口，还让它在家中慢慢地养伤。但是，令人惋惜的是，幼鹰在猎人家休养一段时间后，在重新返回草原的时候，却再也飞不高了，尽管它长了一双硕大的翅膀。

鹰击长空，是因为它们经历了一次又一次严峻的考验，经受住了从悬崖掉落的残忍训练。麻雀飞不上青天，是因为它们自幼就贪食地上的谷粒，且安于生活在低矮的树枝之上。

我们的生活中有苦也有甜，有苦难也有幸福。如果不能吃得今天的苦，又怎能品味明天的甜？如果今天不经历一些苦难和折磨，又怎能以坚强的心来迎接美好的未来呢？幸福可以给人美妙的感觉，但是痛苦却能给人坚强的品格和非常的意志。所以，我们又何必惧怕和躲避苦难呢？

有段时间，一则新闻在社会上引起了巨大风波，成为人们关注和讨论的对象：一个4岁的幼童跟随父母来到美国旅行，在暴雪之中的美国纽约以裸跑来迎接新年的到来。我看着这则新闻，又看着身边与芭比娃娃玩耍的女儿，心中不禁想：无论何时我都不会做出这样的事情吧。女儿当时也是4岁，我们平时从来没有打骂过她，甚至连大声训斥都没有过。何况，爷爷奶奶、姥爷姥姥，几位老人更是对她疼爱有加，简直是“捧在手里怕摔了，含在嘴里怕化了”。

虽然我不认同那位爸爸的做法，但也无法批评他的教育方式。我明知道对女儿不能太娇惯，但总是不忍心让她受苦；我明知道孩子应该多锻炼才能让她更坚强，但又不认同那位爸爸“残忍”的做法。如我所预料的那样，这件事引起了巨大的争议。有人痛骂那位爸爸的“残忍”，有人赞同那位爸爸的特殊教育。随着这件事情的发酵，吃苦教育、挫折教育又被人们再次提起，而“鹰式教育”也随之出现在人们的视野之中，人们更是将这位爸爸称作“鹰爸”。随后，社会上又出现了“狼爸”“虎爸”“虎妈”等。

不论是“鹰爸”还是“虎爸”，都有一个共同特点，那就是他们如同老鹰训练幼鹰一样，用严厉甚至残酷的方式来教育自己的孩子，以锻炼孩子的意志和毅力。也许“鹰爸”那般残忍地让孩子在冰天雪地中裸跑的做法并不可取，但是其让孩子接受吃苦教育、挫折教育的方式却值得提倡。一个在温室中长大的孩子，没有经历过风雨的锤炼、烈日的烘烤，很容易经受不住外界恶劣的环境，最后被困难所击垮。我们总是害怕吃苦，但是如果不经历人生之苦，又怎能收获甘甜的果实？我们总是害怕苦难，但是不经历生活的磨炼，又怎能收获更多的幸福？孟子说：故天将降大任于斯人也，必先苦其心志，劳其筋骨，饿其体肤，空乏其身，行拂乱其所为，所以动心忍性，增益其所不能。吃苦是成就一番大事业所不可避免的经历，我们只有吃得了今天的苦，才能真正品尝到明天的甜。

历史上哪一位成就斐然、业绩突出的人没有经历过苦难呢？

凡·高是世界上最著名的画家之一，其作品《向日葵》《金黄色的庄稼与柏树》等是当今炙手可热的艺术品，而《加歇医生的肖像》甚至被拍出了8 250万美元的天价。然而，凡·高一生都不得志，其作品也是直到他去世若干年之后才得到承认和追捧的。可以说，凡·高的一生是历经了万般苦难的。我们难以想象，是什么样的苦难让他残忍地割掉了自己的耳朵，是什么样的痛苦让他以自杀的方式结束了自己的生命。

凡·高一生都过着压抑、痛苦的生活，所以才导致他精神崩溃、内心极度压抑，但也许正是这苦难给了他无数的创作灵感，《割掉耳朵的自画像》便是他在精神极度压抑的情况下绘出的。而其著名作品《星月夜》《柏树》是他在精神病院治疗的过程中创作的，虽然在此期间他经常发病，但是在清醒的时候却经常到室外绘画。人们常说凡·高是一个极度疯狂的精神病，极易激动并且极端神经质，但是在他短短的 37 年的生命中，却为人类留下了大量震撼人心的作品。也许这就是生活的苦难赋予他的最大的价值吧！

对于苦难，史铁生这样说："我越来越相信，人生是苦海，是惩罚，是原罪。对惩罚之地的最恰当的态度，是把它看成锤炼之地。"人生本来有甜也有苦，吃苦是难以避免的。无论上天给我们安排多大的苦，我们都应该坦然地接受，因为今天我们吃的苦越多，明天品味的甘甜也就越多。

沸水煮的茶才更清香

当我们出生的那一刻，上天就赐予了我们很多礼物，生命、健康、语言、容貌，当然还有病痛、缺陷、衰老、折磨、苦难……也许你会说，病痛、折磨怎么称得上是礼物？这些只会给我们的生活带来痛苦和泪水。然而，我要告诉你，这个问题的答案是肯定的。与那些令我们感到幸福和快乐的事情相比，病痛和折磨会让我们更深刻地理解人生，更真切地感受生命的真意。

但是，生活中很多人不仅不肯接受和感激上天的这份礼物，反而抱怨上天的不公，谩骂命运的无情。其实，这些人是十足的愚人、蠢人。

不知道从什么时候开始，我喜欢上了茶的清香，喜欢上了茶叶在沸水中翻滚沉浮的姿态。无论工作多么繁忙都会挤出时间，或是独自一人，或是邀上几个朋友，来到不远处的茶庄品味茶的芳香。茶庄老板是一位年过半百的女士，气质虽然算不上优雅，但是给人一种舒服、放松的感觉。久而久之，我便与茶庄的老板成为无话不说的朋友。

第一次来到这个茶庄只是偶然，当时我正在附近办事，突然接到一个合作伙伴的电话，说有急事商议。于是，我们就选择了这个清静幽雅的茶庄，事情谈好之后，我们的心情也随之轻松了下来。随后，我拿起桌上的水壶，为自己沏了一杯茶，可是品尝之后，竟然觉得没有丝毫香味。于是叫来了老板询问情况，老板微笑着说声“抱歉”，紧接着说道：“这是江浙一带著名的上等铁观音，怎么会没有香味呢？”然后她用手摸摸水壶，说道：“这水已经温了，怎么可能沏出茶的香味呢？”此时，我看见杯里微微地袅出几缕水汽，茶叶静静地浮着。

老板叮嘱服务员拿来一壶沸水，将杯中的茶水全部倒掉，然后又取过一个杯子，撮了把茶叶放进去。她向杯子注入沸水，然后将杯子放在我的面前。我俯首看那杯中的茶，只见那些茶叶在杯子里上上下下地浮沉，而茶水也溢出了一缕细微的清香。嗅到那缕茶香，我就准备拿起杯子品尝，老板却微笑着说：“请您稍等一下。”说完又向杯中注入一些沸水。只见那杯中的茶叶浮沉得更加厉害，同时我闻到了一缕更加醇厚的茶香。老板如此这般，共向杯中注了5次水，杯子注满时，清醇的茶香已经溢满了整个屋子。

老板说：“用水不同，茶叶的沉浮就不同。用温水沏茶，茶叶轻轻地浮在水面上，没有上下地翻滚，茶香就散发不出来。用沸水沏茶，反复冲沏几次，茶叶反复地翻滚沉浮，自然就会散逸出清香。”

浮生若茶。我们何尝不是一撮清茶，而命运又何尝不是一壶温暾水或是滚烫的沸水？那些没有经历过苦难和痛苦的人，就像是温水冲沏的茶叶，他们一生都是平平静静，没有任何沉浮，这样的人如何能弥散出生命的清香？而那些历经苦难和栉风沐雨的人，就像是经过沸水煮过的茶叶，他们经受了一次又一次的打击，在风雨岁月中不断地沉沉浮浮，自然会散发出生命中最醇厚的香味。

今天的不幸恰是明天幸运的开始

美国著名哲学家、心理学家威廉·詹姆斯说：“完全接受已经发生的事，这是克服不幸之后迈出的第一步。”接受无法挽回的不幸是战胜不幸的第一步，那么接下来我们应该怎么做呢？

其实，接下来我们应该让自己摆脱悲伤和忧虑，调控好自己的心情，用积极乐观的心态激励自己，然后重新站起来，直到收获美好的未来和成功为止。这时，曾经困扰我们生活的不幸和苦难将烟消云散，我们的人生也将迎来更多的好运。

我们总是会听到身边的人抱怨："我怎么这么倒霉，坏事都降临在我头上……""为什么上天没有给我好运……"我们总是希望自己一生都能平安好运，然而哪有只有好运没有坏运的人。日常生活中，我们难免会遇到一些挫折和困难等不幸，这时我们应该怎么办？

面对生活中的不幸，我们所选择的态度不同，自然就会得到截然相反的结果。如果我们一味生气、怨恨，不但会使事情变得越来越糟糕，还会严重影响我们的心情和健康。因此，不妨以淡然的心态和积极的心情去面对生活中的不幸和挫折，或许如此一来好运就会降临在我们的身上。

诚然，任何人遇到灾难和不幸都会影响到自己的情绪和心情。这时，最重要的就是控制好自己的情绪和心情。既然我们已经无法改变所遭遇的不幸，既然我们对眼前的事情无能为力，不妨抬起头来大声对自己说："这没有什么了不起的。任何不幸都不可能打倒我！"或者微笑着鼓励自己："一切都会过去。忘掉生活的不幸吧，明天也许会更加美好！"

拉莎·贝纳尔是人们公认的19世纪的"剧坛女王"，人们无不被她在舞台上的精彩表演所折服。然而，正当拉莎·贝纳尔的事业和生活处在巅峰的时候，她遭遇了人生中最大的不幸。在一次乘船渡过大西洋的时候，突然遭遇狂风暴雨，轮船被狂风卷得东摇西晃。拉莎·贝纳尔一不小心就从甲板上滚落，导致足部遭受重创。结果，她不得不面临被锯腿的境况，人们都为这位"剧坛女王”感到惋惜。然而，当她被推进手术室的时候，却突然念起了自己曾经说过的一句台词。记者们纷纷不解地问道：“您是为了缓解自己紧张的情绪吗？”拉莎·贝纳尔笑着说：“不是的。我是为了给医生和护士打气。你们看，他们是不是太正儿八经了？”

作为一位以舞台为生的戏剧演员，拉莎·贝纳尔面对被锯腿的厄运和不幸，没有丝毫的抱怨，也没有一点儿沮丧；相反，她勇敢地面对无法抗拒的灾难，跳出了悲伤和抱怨的怪圈，甚至用自己独特的幽默和乐观感染了身边的每一个人。

果然，拉莎·贝纳尔的手术非常成功，虽然她再也无法站起来，再也无法登上舞台，但是她没有失去对生活的热情。她将全部的热情都投注在讲演上，当她充满热情地在讲台上讲演时，再次赢得了人们热烈的掌声，也赢得了精彩的人生。

再看看我们身边的人，有些人因为遭遇小小的挫折便自怨自艾，甚至自暴自弃，而有些人身处困难之中却从容自若、乐观自在；有些人身患小疾就痛苦不堪，而有些人经历生死之难却安然自在。自怨自艾并不能解决眼前的困难，愁眉苦脸也并不能缓解疾病的痛苦。既然如此，我们何不从容自若、安然自在地享受眼前的生活？其实，这只不过是心态的不同而已。生老病死、幸运不幸不过是人生最寻常的事情，没有什么可怕的，也没有什么可以烦恼的。所以，我们应该泰然处之，以平常之心看待人生中的幸运和不幸。如果我们能突破这道关卡，那么人生就没有什么烦恼的了。

我们的人生总是充满了不幸和苦难，如果无法从容积极地面对命运给我们带来的厄运，那我们将永远生活在悲伤和绝望之中。无论任何时候，我们都应该不断地激励自己，勇敢地面对所有的不幸和厄运，这样才能获得巨大的成功。正如巴尔扎克说的："苦难对于天才是一块垫脚石，对于能干的人是一笔财富，而对于弱者则是万丈深渊。"

今天的不幸，也许恰恰就是我们明天幸运的开始。曾经听到这样一个故事：

一位探险家带着一个挑夫到深山老林中探险。一天，探险家不小心切断了自己的一根手指。挑夫看见之后，大声喊道："太好了。好运降临在你身上了！"探险家听了之后十分气愤，认为挑夫在讽刺、嘲笑自己。随即，探险家将挑夫丢到一个十米的深坑之中，之后独自前行。

后来，探险家被山林中的野人捉住，并且他们打算割下他的头颅做祭品。在此危急时刻，野人首领发现探险家少了一根手指，认为他是不完美的祭品，所以将他放了。

这时，探险家才想到了挑夫的话，于是立即赶往深坑将挑夫救了出来。探险家真诚地向挑夫道歉，然而挑夫却高兴地说："你将我丢在这里也是上帝的恩典。如果我与你一同前行，恐怕已经成为野人的祭品了。"

确实，开始我们认为探险家切断手指是一件不幸的事情，但是如果没有这件事，探险家恐怕会成为祭品；而那个挑夫也是一样，如果探险家不将他丢到深坑中，他也会因此丢掉性命。所以，当我们遭遇不幸时，不妨换一个角度来看，也许今天的不幸将给我们的未来带来好运和机遇。如果我们只看到不幸的一面，一味地自怨自艾、消极对待，那么我们的人生只能愁云惨淡，没有任何希望和光明。

与那些不幸和苦难相比，幸运和好运在为我们带来成功机遇的同时，也可能成为我们走向成功的羁绊。因为始终生活在好运中的人，容易滋生懒惰之心，让自己失去前进的动力。所以，今天的不幸也许是明天幸运的开始，我们不妨用乐观的心态看待生活中的不幸，也许会收获另外一种“幸福”。

我们应该相信，今天的不幸和苦难不过是我们成就事业的前奏，如果我们失去了积极面对的勇气，人生将陷入毁灭的深渊；我们应该相信，今天的不幸和苦难也许是明天幸运的开始，只有经历了风雨的洗礼，才能真正领略到人生的意义。在漫长的人生旅途中，我们只要有不被厄运打垮的信念，就可以驱散人生中的阴云。

失败，有时比成功教会我们更多

什么是真正成功的人生？

有人说是事业有成、家庭美满，也有人说是实现自己的理想、实现自我，还有人说是按照自己喜欢的方式度过一生。

其实，战胜失败，战胜自己便是真正成功的人生。

美国总统亚伯拉罕·林肯的传奇经历，让人领略到了什么是真正成功的人生。林肯一生跌宕起伏，经历了无数次失败和挫折，然而他没有徘徊不前，也没有向生活屈服，而是重新扬起了生活的风帆，最终获得了巨大的成功，成为改变美国历史的最伟大的总统之一。

22 岁——生意失败；

23 岁——竞选州议员失败；

24 岁——生意再次失败；

26 岁——恋人去世；

27 岁——精神崩溃；

29 岁——竞选州长失败；

34 岁——角逐国会议员失败；

36 岁——角逐国会议员再度失败；

39 岁——国会议员连任失败；

46 岁——竞选参议员失败；

47 岁——竞选副总统失败；

49 岁——竞选国会议员第三次失败；

51 岁——竞选美国总统成功。

如果林肯在任何一次失败中放弃，那么他就永远不可能成为美国伟大的总统。我们不应该着眼于一次、两次的失败，而是应该不断朝着成功的目标迈进。我们不一定非要经历重大的成败，但是要做好失败的准备，更要从失败中吸取经验和教训。因为，失败有时可能比成功教会我们更多的东西，也可能比成功带给我们更多的财富。

与成功相比，失败可以震撼我们的心灵，可以使我们重新认识自己，看到自己的缺陷和不足。正是在一次次的失败中反省自我，我们才能一步步改进自己，从而一步步接近更大的目标。

与成功相比，失败可以给我们当头一棒。当我们骄傲自满、目空一切的时候，失败就像是一瓢冷水将我们从头淋到脚，让我们重新正视自己，脚踏实地地为自己的目标而拼搏努力。

与成功相比，失败是人生送给我们最好的礼物，因为我们可以从中吸取更多的经验和教训，让我们在以后的生活中少走很多弯路。

与成功相比，失败可以磨炼我们的意志、激发我们的勇气。因为安乐的环境、顺利的生活会逐渐消磨掉我们的勇气、意志，让我们失去做出一番大事业的雄心壮志。

试想，这又何尝不是另一种形式的成功呢？

我们想要成功就不能害怕失败，只要我们能够总结失败的原因、吸取失败的教训，就能找到通往成功的道路。

不可否认，失败会让我们沮丧、会打击我们的信心，但是那些都只是暂时的。经历失败的磨炼之后，我们会变得更加坚强，更加成熟，这些都是人生中不可缺少的财富。所以，我们应该感谢人生中的每一次失败，勇于面对人生中的每一次失败。

爱迪生经历了8 000多次失败后才发明了电灯，经历了25 000多次失败后才成功发明出蓄电池。沙克使用了无数介质之后才培养出小儿麻痹疫苗。约翰·克里斯在出版第一本书之前，曾写过564本其他的书，并遭到了1 000多次的退稿。由此可见，失败并不可怕，因为只有经历这次失败，我们才知道这条路行不通，才会寻找新的出路。只有这样，我们才能离成功更近一步。

马云曾经说过："一个人成功的原因可能有千万条，但所犯的错误却只有那么几个。想要成功，与其去学习别人成功的经验，倒不如去学习别人为何犯错。"失败的反义词不是成功，而是学习。当我们遭遇失败时，不要考虑我们失去了什么，而是应该仔细想一想，我们能从这次失败中得到什么。

第二章　只要内心勇敢，随时可以从头再来

跌倒并不可怕，困境也并不是绝境。任何人都无法避免遭遇困境和苦难，如果心生惧怕心理，不敢前进，不敢尝试，那么将永远被困在困境和失败之中。其实，只要内心勇敢，即便经受多大的困难和失败，都可以从头再来；只有敢于面对这一切，人生才有翻盘的可能。

没有试过，怎么知道你不能

生活中，我们经常听到别人这样说：“我不行，这个太难了，我根本做不到。”“这件事情我没有做过，我不敢做！”“如果做错了，会遭到大家的嘲笑吧！”“这个我没有把握，没有尝试过，失败了怎么办？”

我也经常如此。不敢吃榴莲，即便朋友一再说好吃，我也不敢尝试；不敢坐过山车，因为害怕吓哭自己；不敢在公众场合讲话，因为害怕自己说错话；不敢提出新的想法，因为怕同事们嘲笑。我还有很多不敢尝试的事情，甚至有很多不想尝试的事情。相信很多人都是如此。

生活中，我们总是不想去尝试很多事物，有时即便想要尝试新事物，也会因为惧怕和怀疑而没有勇气去做。想做大事，有时并不需要我们想太多，而只需要我们有敢于尝试的勇气。多尝试自己没有做过的事情，这样我们才不会总在原地打转，总是生活在自己的小圈子中。只有敢于迈出自己的脚步，我们才能离开原地，才能发现新的地方。

朋友在一家教育机构担任市场部主管，多年的工作使他积累了深厚的人脉资源，于是一个合作伙伴想拉着他单干。他本想辞掉工作，趁着年轻创一番属于自己的事业，不过，公司却发布了一项人事任命决定：他由于工作出色、业绩突出被提拔为公司销售副总，工资待遇也翻了一倍。这下，朋友陷入了矛盾之中，一边是优厚的待遇、较高的职位，一边则是前景不明的事业，自己究竟应该何去何从？

经过一番深思熟虑之后，他毅然选择辞掉工作，加入了合作伙伴刚刚创立的小公司。虽然朋友拥有丰富的人脉和经验，但是小公司必须从零开始，逐渐积累自己的客户资源和人脉资源。于是，很久没有跑过业务的朋友不得不四处奔波，就像多年前刚刚当销售员一样寻找客户、开拓市场。虽然生活比起以往辛苦百倍，环境也不如以往优越，但是朋友干劲十足、热情满满，甚至开玩笑地说："我感觉自己又回到了年轻时代，没钱、没车却充满了冲劲和热情。"

后来，在朋友和合作伙伴的打拼下，小公司由起初的两三个工作人员，每周只有十来个学生的小培训班，发展成为拥有几十个员工，每天有数百学生上课的教育培训公司。而下一步，朋友还计划扩充公司规模，在繁华的地段多开几个培训班，甚至计划在将来到其他地市开办分公司。朋友总是感慨地说："我以前安于稳定的工作、优厚的待遇，从来没有想过要闯荡出属于自己的天地。今天我才知道，没有你不能做的，只有你不敢想的。"

当我们遇到没有尝试过的事情时，总是犹豫不决、踌躇不前，恐怕自己做不到，恐怕失败了遭到别人的嘲笑。然而，你没有尝试过，怎么知道自己一定会失败？你没有尝试过，怎么知道自己一定不会获得成功？

没有走出去，我们永远也不知道世界有多大；没有冒险过，我们永远也不知道生命有多么宝贵；没有攀上高峰，我们永远也无法领略到“在险峰”的“无限风光”；没有尝试过，我们永远都不知道自己的能力有多强；没有尽力，我们永远都不知道自己的潜力有多大。

刚进入微软公司的时候，李开复总是不敢发表自己的看法，唯恐自己说错了话。有一次，比尔·盖茨召开公司改组会议，要求所有的员工必须发言。李开复心想，既然所有人必须发言，那么就大胆地说出自己的想法吧。轮到他发言时，他鼓起勇气说：“在我们公司里，员工的智商很高，但是效率却很差，因为我们整天改组，不顾及员工的感受和想法。在其他公司，员工的智商是相加的，但是由于我们公司整天都陷入公司改组的斗争中，所以我们员工的智商是相减的。”

会后，比尔·盖茨接受了李开复的建议，取消了公司改组方案。而很多同事都通过邮件称赞他：“你说得太好了。真希望我有你的胆量。”从此，李开复无论在任何场合都会发表自己的看法，无论做任何事都勇敢地前行，最终走向了成功。

没有尝试，怎么知道你不能。尝试可能会遇到失败，但不尝试则一定没有成功的希望。从某种意义上讲，只有不敢尝试才是人生中最大的失败。因为我们的命运在自己手中，多做自己想做的事，多做自己没有做过的事，才是我们最应该去做的事情。

不要给自己的人生设限，大胆地走出自己的小圈子，勇敢地去做，不要管结果会怎样。因为一件事情如果去做了，就有

0~1% 的希望成功，如果不去做，则连 0~001% 的希望也没有。为什么不勇敢地尝试一下？即便失败了又怎样，大不了换个方式从头再来。为什么不勇敢地尝试一下？或许你会发现，原来事情并没有你想象得那么难。

不要惧怕霉运，因为你还有未来

不久前，电视上播放了一次模特大赛，起初我没有太关注，但是一个小小的戏剧化情节却吸引了我的注意力。

这次播放的是模特大赛的总决赛，有 20 名佳丽争夺最后的冠亚季军。第一轮比赛结束后，主持人对评委说："以往我们都会选出最出色的模特，今天我们改变一下方式，选出表现最差的一位模特。"

这真是前所未有的事情。以往的大赛都是评出冠亚季军，或是评出"最上镜奖、最具人气奖"，但是从来没有一次比赛会评出"最差模特奖"。我想，当选的模特一定没有脸面再站在舞台上，或者没有机会再站在舞台上了。这个大赛简直是太奇葩了。

几分钟后，最差模特评选了出来，并且当场宣布，那个模特优雅地向前走了一步，我想如果我是她一定会当场哭出来，根本没有脸面再站在舞台上。然而，我却看见这个模特始终面带微笑，静静地站在舞台中央。随后，评委们开始评论："你今天的表现有些差强人意""你今天的服装搭配不合理""你今天的表演不符合自己的气质”……评委们肆无忌惮地评论着，根本没有照顾这个年轻女孩的情绪和颜面。而这个模特却始终保持优雅的姿态，脸上没有丝毫难堪的神色，甚至还不停地点头微笑。

这时，台下观众起了一阵骚动，不时发出轻笑，场上其他模特也笑了起来，当然，这是一种嘲讽的笑、一种幸灾乐祸的笑。看到这样的情形，我对这位模特充满了同情和惋惜。

接下来，第二轮、第三轮比赛依次开始，每个模特都摆出最优美的姿态，绽放出最美丽的笑容。那个最差模特也是如此，她没有受到被评为“最差”的影响，她的表现显然比第一轮好得多。出人意料的是，最后，她竟然夺得了模特大赛的冠军！

现场的记者访问她：“面对评委的责难和批评，你始终保持安静与微笑，最后还表现得越来越好，你是如何顶得住那么大的压力的？”

她笑着说：“因为我只知道无论什么时候都要保持一颗谦卑的心。成功了不骄傲，失败了继续努力。”

事后人们才知道，评选“最差模特”只是评委们设下的“陷阱”，目的是考验模特的心理素质。第一轮结束后，评委们一致认为这个模特表现最出色，为了考验她的心理素质才设计了这个环节。如果她过不了这一关，那么冠军就会易主他人。正是因为拥有谦卑之心，才使她赢得了最后的成功。用一颗谦卑的心对待生活，用淡然的心对待成败，无论结果怎样都努力地向前奔跑，这才是我们应该持有的生活态度。

很多时候，霉运会降临到我们的身上，于是伴随而生的可能是消极悲观的情绪，我们会抱怨：为什么倒霉的是我，为什么别人总是好运连连？可是，我们忘记了扪心自问，是命运让我们陷入霉运，还是自己咎由自取？

生活中，我们都想成为人生的幸运儿，关键是我们选择什么样的生活方式。如果我们在生活中遭遇一些打击和失败便抱怨连连、自怨自艾，那么霉运会寸步不离地跟随着我们。如果我们遇到霉运便消极对待生活，失去了走下去的勇气和信心，那么我们永远也逃不出霉运的掌心。如果我们能改变自己的观念、改变自己的生活方式，以一颗谦卑之心对待生活，用淡然豁达的心看待得失成败，那么霉运自然会远离我们，久而久之，我们就会成为幸运的宠儿。

一个年轻人前去某公司应聘，然而人事经理却说："我们公司最近并没有刊登过招聘广告，你为什么来这里应聘？"年轻人紧张地说："我听闻过贵公司的声名，今天恰巧从这里路过，就贸然前来试试。"人事经理觉得年轻人勇气可嘉，便决定给他一个机会。然而，年轻人的表现很糟糕，他紧张地解释道："因为突然过来，所以事先没有准备。如果事先有准备，我会表现得更好。"人事经理觉得这只是年轻人的借口，便随口说道："那等你准备好了之后再来应聘吧！"

人事经理很快就忘了这件事，因为这样的年轻人实在是太多了。然而，出人意料的是，一周后年轻人再次前来应聘。这时，人事经理来了兴致，他又给了年轻人一次机会。虽然这次年轻人表现得比上次好很多，但还是没有成功。人事经理仍然给了他同样的答复，让他准备好了再来。就这样，这个年轻人在一年的时间内，先后五次踏进这个公司，并且一次比一次表现得好，最终，他被公司录取了。

的确，生活有时真是糟糕透了，让我们处处碰壁，无计可施。有时，我们需要在黑暗中摸索很长时间才能寻找到光明；有时，我们需要奋力地前行，拨开厚重的雾霾，才能看到蔚蓝的天空。这时候，平和的心态是最重要的。因为糟糕的情形总是短暂的，光明和蓝天就在远方等着我们。只要我们把握好自己的内心，做出正确的选择，那么美好的未来就是属于我们的。

耐心等待自己绽放的季节

三月是春回大地的时节，桃花、樱花、梨花、海棠等各种花儿竞相开放，争芳斗艳。我们可以欣赏到漫天飞舞的飘花，可以嗅到漫天四溢的花香。当然，并不是所有的花儿都选择在春天开放，莲花就是在盛夏给人以沁人的清凉之感的，而桂花则在八月绽放自己的风采，素有“晚艳”“冷香”雅称的菊花则会在晚秋时分傲然开放。只有梅花选择经历了凛冽的寒冬之后，才怒放出绚烂的花朵，给寒冷的冬天增添一抹亮丽的色彩。

桃花在早春开放，所以红得妖娆，红得醉人；莲花在盛夏开放，所以淡得雅致，淡得清新；菊花在深秋开放，所以高洁不屈；而梅花经历了凛冽的寒冬，所以可以傲然立于风雪之中。不同的花有不同的韵味，不同的花有不同的芬芳，但是不管哪种花都有自己绽放的季节，无论何时它们都不会错过自己绽放的季节。

花儿需要等到自己绽放的季节，人生也是如此。每个人身上都有独特的气质和优势，今天我们还没有获得成功，是因为还没有等到属于自己的机会。只要我们耐得住寂寞、经受得住考验，自然会迎来属于自己的机会和成功。

我们经常会有这样的苦恼：身边的朋友都收获了自己的爱情，自己却孤零零地一个人生活；身旁的朋友都拥有了成功的事业，自己的事业却毫无起色。于是，我们不禁开始怀疑自己：是否注定了自己一生都要孑然一身，是否注定自己一生都会碌碌无为。于是，我们开始抱怨上天的不公，哀怨自己的平庸。然而，我们没有想到的是，或许在不远的转角处，属于我们的机会正在等待着我们。我们只有耐心地等待，拼命地积蓄自己的能量，才能在机会来临之时释放出全部的能量，收获最灿烂的人生。

艾金森是英国一个普通少年，但是他又不普通。因为与其他人相比，他从小就长得呆头呆脑，行为举止更是滑稽笨拙。所以，他从小就遭到别人的嫌弃和嘲笑，甚至连老师都看不起他。他曾经选修一门“诗歌欣赏课”，但是每次朗诵作品时，他滑稽的表情都会让同学们捧腹大笑，以至于老师根本没办法继续下面的课程。所以，老师不止一次“哀求”他改选别的课程。不仅如此，甚至连他的父亲都对他厌恶至极，认为他是一个脑筋有问题的智障。

但是，艾金森没有放弃自己，他凭借自己的努力，考上了纽卡斯尔大学攻读电气工程专业，后转入牛津大学的女王学院攻读硕士，更取得了电机工程博士学位。在牛津大学期间，他加入了戏剧协会和讽刺剧社，做一些滑稽角色的表演。

然而，大学毕业以后，艾金森得到的却是更多的嘲笑和讥讽，甚至连一份正经的工作都找不到。他陷入了深深的自卑之中，于是整天把自己关在狭小的屋子中，不愿意与任何人交流，甚至整天靠喝酒来麻痹自己。

看到艾金森如此自暴自弃，母亲将他带到了花园中，指着满院盛开的鲜花对他说："每种花都有绽放的机会，那些没有绽放的花朵，是因为还没等到自己的季节。人生也是如此。每个人都有成功的机会，你也是如此，只是你还没有遇到合适自己的时机。但是，鲜花在没有绽放的时候，一直都在拼命地吸收阳光和养分、储备充足的能量，只待属于自己的季节的到来。你现在需要做的是储蓄自己的能量、学习更多的知识，等到属于你的季节来临后，自然就会绽放出美丽的人生之花。"

在母亲的鼓励和开导下，艾金森充满了信心，他摆脱了往日的自卑，又重新站了起来。尽管在以后很长的一段时间内他都没有找到适合自己的工作，但是他牢牢记住了母亲的话：自己是一个优秀的人，只是还没有等到适合自己绽放的季节。

直到在英国《非9点新闻》喜剧节目中出演了滑稽角色，艾金森才等到了自己开花的季节。他滑稽幼稚的表演让剧组导演情不自禁地大笑，从此他走上了戏剧表演的道路。他出演的黑爵士获得了观众的一致好评，而笨拙、滑稽的憨豆先生的出现，让艾金森迅速在英国走红。那个傻乎乎的憨豆先生成为继卓别林之后，最受人欢迎的喜剧角色。

艾金森终于等到了自己绽放的季节，相信只要我们如同他那样自强不屈，那么也能等到属于自己的季节，绽放出人生最美丽的花朵。

有一种美叫作绽放，每一种花都拥有绽放自己的季节。而我们也如同世上的花朵，或许我们是桃花，或许我们是莲花，或许我们是梅花，但是无论怎样，我们终有迎来自己开花的一天，只要我们沉淀自己的内心、积蓄自己的能量，时刻准备着让自己绽放。

即便生活贫穷，也要有富有的心

生活中，我们看到过这样的贫困的人，虽然生活艰苦却拥有一颗富有的心；我们还看到过这样的富有的人，虽然生活富裕，内心却一贫如洗。真正贫穷的人，不是那些生活贫困的人，而是内心贫穷的人。问一问自己，是否拥有一颗富有的心灵？

那天从公司出来已经是黄昏时分，西下的夕阳将半个天空都染红了。途经天桥时，看到路旁围了很多人，便好奇地驻足观看。只见人群中有一个十岁左右的女孩，正在画板上细心地描绘着，而模特则是一位靓丽的长发美女。在小女孩的身边，还放着一张白纸，上面写着这样的内容：我父亲生病了，母亲既要照顾父亲，又要供我上学，还要供我上绘画班。我不忍心母亲太过辛苦，所以放学后偷偷到街上给人画画，这样既可以锻炼自己的画技，又可以筹集些学费，减轻母亲的负担。如果您对我的画像满意，可以给些零钱，无论多少，我都会给您最诚挚的感谢。

小女孩一会儿低头描绘，一会儿抬头观看美女的姿态和容貌，不大会儿工夫，美女的面部轮廓便清晰地呈现在画板上。女孩的落笔虽然比较稚嫩，但可以看出来还是有些绘画功底的。她轻轻地握着手中的画笔，每次落笔尽管小心翼翼，却毫不犹豫。很快，女孩就为靓丽女孩画好了画像，美女的美妙形态跃然纸上，就连神韵也十分相似。靓丽女孩十分满意，痛快地递给了小女孩100元钱。小女孩自然是感激不已，连连鞠躬道谢。靓丽女孩离开之后，一位白发苍苍的老奶奶又坐了下来，准备让小女孩画像。

我看这个小女孩穿着虽然破旧，却干净整洁，不同于街上其他乞讨的乞丐。于是便拿出了钱包，将几十元零钱放在了她身边的背包上，转身准备离开。然而，我还没走几步，就被小女孩叫住，她怯生生地对我说："请等一等，我还没给您画像呢。难道您觉得我画得不好吗？"

我顿时一愣，随口说道："不是。你画得非常好。只是我还有事情，没有太多的时间。"谁知小女孩说道："那我不能要您的钱。虽然我知道您是在同情我的遭遇，想帮助我，但是我不能白要您的钱。"

我说道："我真的有急事，你就当已经帮我画像了。"

小女孩说道："这不可以。妈妈经常教育我，虽然我们家庭困难，但是不能不劳而获。面对别人的同情，我们应该心怀感激之情，但是要用自己的双手和大脑来获取别人的称赞和尊重。"

看着小女孩那清澈的眼睛，我心中感慨万千。虽然和朋友有约，但还是坐下来静静地等她给自己画了一幅肖像。这幅画像一直挂在我书房中最显眼的地方，每次看到它都会想起小女孩那纯净、清澈的双眼。她用自己的倔强和坚强告诉我，人可以贫穷，却不能卑微；人可以接受别人的帮助，却不能失去做人的骄傲。

城市中有无数在街上乞讨的乞丐，他们或是年幼的孩子，或是四肢健全的成年人，或是身体有缺陷的残疾人，但是没有一人能够像小女孩一样自尊、自强。这些人的双手永远伸向匆匆路过的行人，企图利用别人的怜悯之心获得少许的钱财。他们的膝盖永远是弯着的，降低的不仅是自己的身躯，还有做人的尊严和廉耻。我甚至还听说过这样的说法，街上大部分乞丐并不都是真正的贫穷之人，他们是“职业乞丐”，编写悲惨的经历、伪装残缺的身体，目的就是博取别人的同情，获得别人的施舍。甚至有些人白天穿着破衣烂衫在街上乞讨，而晚上则衣冠楚楚地出入高级娱乐场所。尽管这些人生活并不贫穷，但是内心却一贫如洗。因为他们为了金钱而失去了做人的尊严和风骨。

我们的生活可以贫穷，但是内心却不能贫穷。因为，内心贫穷了，人就变得卑微了；内心贫穷了，就会失去自强自立的姿态；内心贫穷了，尊严就会被人踩在脚底。所以，无论我们的生活多么贫穷、境遇多么糟糕，也要保持富有的内心，这样才有赢得别人尊重的机会，才能有变得强大的可能。

朋友阿波年轻时，家境十分贫寒，虽然成绩优异，但是其内心却异常自卑。大学四年，他一直穿着洗得发白的牛仔裤，一双打满补丁的球鞋。每天他的午餐和晚餐只有3个馒头和一包榨菜，四年来，他从来没有吃过一顿早餐，为的只是节省下来一些钱。他总是到处做兼职，把所得的钱都寄给妹妹做学费。因为生活贫穷，所以无论走到哪里，他总是低着头，沉默寡言。

一天，教授文学的教授当着全班同学的面，大声地对他说："昂起你的头。记住，贫穷不是你的错！"从此之后，他豁然开朗，尽管每天还是穿一身破旧的衣服，但是脸上却挂满了自信的笑容。虽然他的午餐和晚餐还是只有馒头和榨菜，但是却吃得津津有味。毕业后，他在一家公司担任销售，每天早出晚归，四处推销自己的产品，付出了比别人多双倍甚至十倍的努力。两年后，由于业绩突出、工作出色，他被公司提拔为销售部的主管。而现在他是这个公司的销售副总。每次提到自己所取得的成就，他都对教授充满了感激，他说是教授给了他生活的阳光，使他贫穷的心变得富有。

虽然我们生活贫穷，但是要坦然地挺起自己的腰板；虽然我们生活贫穷，却不能让自己的内心贫穷。贫穷不是我们的错，但是如果甘于贫穷，就是我们自己的错；贫穷并不可怕，但是如果内心一贫如洗，就是人生中最可怕的事情。

懦弱，是自己最大的敌人

我们经常说人生最大的悲剧，不是败给了别人，而是败给了自己。正如美国最伟大的推销员弗兰克所说："如果你是懦夫，那你就是自己最大的敌人；如果你是勇士，那你就是自己最好的朋友。”我们若是懦弱，就会在潜意识中告诉自己，这个我做不到，那个我也做不到。久而久之，我们就会认为自己是最弱小、最没有能力的人。

在某购物网站刚刚兴起的时候，朋友小环便想开一家属于自己的网店。但是一段时间过去了，她的网店还没有任何进展。经过询问才知道，开网店必须保证物美价廉，想要淘到款式新颖、价格便宜的服装，必须跑遍所有的服装批发市场，必须从成千上万的店中找到合适的衣服。就这样，小环每天嚷嚷着开店开店，却因为惧怕劳累而没有任何行动。

后来，网购几乎成为都市人最主要的购物方式，无数网店也获得了巨大的成功。这时，小环再次蠢蠢欲动，希望自己也能成为坐在电脑前轻松赚钱的人。然而，当我们鼓励她积极行动的时候，她却犹豫了：“现在开网店的人那么多，我现在才刚刚开始，会赚到钱吗？”就这样，小环开店的计划再次不了了之。

生活中，最可怕的不是失败，而是懦弱畏缩地过一辈子。我们的身边有很多这样的人，想要成就一番事业，却胆小懦弱，毫无冒险之心，这也是他们不能获得成功的主要原因。

有时候，懦弱比死亡更加可怕，甚至可悲。因为若无法战胜自己，那么又如何战胜强大的敌人，战胜人生中一波接着一波的困难和挫折？所以说，懦弱的人注定只能成为人生的输家，注定只能品尝悲伤的滋味。南唐后主李煜性格懦弱，虽然才华横溢却不懂政治，面对国家的衰亡和劲敌的威胁，不仅不思进取反而醉心诗词，最终没能逃脱沦为亡国之君、饮鸩而死的悲惨命运。

在人生的道路上，有赢家也有输家。如果我们输了一次便轻视自己，那么将永远停留在原本的位置上而无法前进。即便再次踏上起跑线，也会因为惧怕对手的强大而停止前进的步伐，放弃对终点的冲刺。事实上，越是懦弱而又轻视自己的人，越是被各种各样的恐惧和忧虑包围着，他们看不到前面的路，更看不到前面的风景。只有真正坚强的人，才能在生活的锤打下绽放出绚烂的火花，才能造就美丽繁华的人生。

著名的桥梁专家茅以升出生于古老的秦淮河边，这里有一个传统，即每到端午节便举行盛大的龙舟比赛。而河上的文德桥便是观看比赛的最佳地点，每到端午节时，桥上桥下便会挤满观看龙舟比赛的人群。茅以升从小就喜欢观看龙舟比赛，在他11岁那年，快到端午节时，他每天都跑到秦淮河边，想象着龙舟竞发、人声鼎沸的场景。

然而，就在端午节当天，茅以升却病倒了，母亲坚决阻止他出门。正当茅以升心痒难耐的时候，河边传来了一声声悲惨的叫声。后来，茅以升才知道，由于看龙舟比赛的人太多，将文德桥压塌了，导致多人死亡、受伤。

这件事情对茅以升的触动很大，他痊愈之后立即跑到断桥边，大声地宣布："我长大以后，一定要建造一座又高又结实的大桥，绝不会再发生桥塌人亡的悲惨事故。"然而，他这伟大的宣言却招来了同伴们的哄笑。但是，茅以升却将自己的誓言牢牢记在心中。

从此之后，他总是琢磨建造大桥的事情，只要看到大桥便会认真地观察、揣摩，从桥面到桥桩、从桥墩到整个桥梁。不仅如此，只要看到有关桥梁的图画和照片，他就会小心翼翼地珍藏起来，甚至将古诗词和古散文中描绘桥梁的词句、段落摘记在笔记本上，以作为珍贵的资料。

为了实现自己造桥的理想，茅以升刻苦学习，专心学好各门功课。他为了锻炼自己的记忆力，经常背诵圆周率小数点后面的位数，经过长时间的锻炼，他竟然可以背诵圆周率小数点后面一百多位的数字。为了培养自己的毅力和专注力，他经常到河边背诵古诗文，尽管河边嘈杂不已、景色万千，但是他丝毫不受干扰。

凭借艰苦的努力和出色的能力，茅以升留学美国纽约的康奈尔大学，并取得了硕士学位。毕业之后，他拒绝了学校的聘请，毅然回国实现自己的造桥理想。后来，他终于建造了中国第一座现代化大桥——钱塘江大桥。

钱塘江自古以险恶著称，水势不仅受到上游山洪暴发的影响，还受到下游潮涨潮落的影响，并且江底流沙厚达 41 米，这给建桥施工带来了巨大的困难。但茅以升并没有被这些难题吓倒，他迎难而上，攻克了一切艰难险阻，终于使得钱塘江两岸天堑变通途，也给祖国的桥梁事业做出了巨大贡献。

懦弱是我们最大的敌人，而坚强则是所有成功者的品质。所有成功者，心中都拥有不服输、不认命的信念。他们或许曾经贫穷，或许经历了无数的挫折和困难，但是他们从来没有向命运展现自己懦弱的一面。正是因为他们永不服输、坚信自己，所以才能一步步地接近成功，一点点地超越自我。

在下一个路口重新出发

在生活中，我们总是避免不了失败和挫折，而面对这些失败和挫折，我们总是会有不同的表现和应对方式，当然，这也导致了结果的不同。

其实，在我们的人生中，或多或少都会经历挫折和失败。这就意味着，从前的努力都付之东流，所有的成绩都将成为过眼云烟。那么，我们还要继续坚持吗？我们应该怎么办？是灰心丧气、沉溺于失败的阴影之中不能自拔，还是振作精神，从头再来？

认识一个朋友，年纪轻轻已事业有成。然而，前段时间因为决策失误，导致投资失败、负债累累。他因为这次失败受到了沉重的打击，不知道未来的道路在何方，更不知道自己该如何走出失败的阴影。后来，在朋友们的安慰和劝告下，他决定出去散散心，到外面去走走。几个月之后，朋友回来了，脸上又恢复了往日的自信和神采。他感慨地对我们说："经过几个月的奔走，我终于明白了，虽然我现在没有前进的方向，没有资金，但是我有信心。世界上没有过不去的坎儿，我可以失去所有东西，却不能失去信心和斗志。我是个男人，我要为自己的失败负责，即便遭遇了失败也要好好地活着，以图东山再起。"

后来，朋友四处筹集资金，不仅卖掉了自己的爱车，还抵押了自己的房子。他反省了自己失误的原因，决定重新开始。看着朋友信心满满、摩拳擦掌的样子，我相信，在不久的将来，他一定会再次获得事业的成功。

在生活中，那些屡败屡战而从没有被失败打败的人，往往会成为生活的强者。只有品尝到失败的苦涩和痛苦，吸取了失败的经验和教训，才能明白成功的真正意义。因一次次遭到失败的打击而倒下，又一次次选择站起来、重新出发的人，最值得尊重。千百年来，那些取得成就的佼佼者，并不是从来没有经历过失败的幸运者，相反，他们却经历了无数次失败和挫折，然而他们从不甘心失败，勇敢地从失败的深谷中爬起来，从而成为真正的成功者。

美国百货大王梅西在创业的道路上经历了无数次失败，摔了无数次跟头，但是他从来没有一次向失败低头，而是不断总结失败的教训，顽强地站起来，终于成了百货业的翘楚。

梅西年轻时曾经当过海员，跟随货船走南闯北。为了过稳定的生活，他拿出全部积蓄开了一个小杂货铺。然而，由于没有经营经验，小杂货铺很快就倒闭了。经过一年之后，梅西又筹集了一些资金，重新开了一家小杂货铺，但结果仍以失败而告终。

不久，美国兴起了淘金热，四面八方的人聚集在加利福尼亚州，做起了黄金梦。梅西也不例外，他在当地开了一家小饭馆，希望借助淘金热发一笔大财。然而，幸运仍没有眷顾梅西，由于大多数淘金者毫无收获，甚至潦倒到以乞讨为生，所以梅西的小饭馆也经营惨淡。

最后，梅西只能灰头土脸地回到马萨诸塞州，但是不甘失败的梅西又开了一家布匹服装店，这一次彻底破产了，将全部家产都赔个精光。人们都以为梅西彻底被打垮了，彻底接受了失败的命运。但是，梅西并没有如人们所想象的那样一蹶不振，他认真总结了以前失败的教训，决定重新找到赚钱发财之路。他孤身一人来到了新英格兰，选择了最佳的位置继续开办布匹服装店。这一次，他采取了灵活的经营方式，果然慢慢地打开了局面，生意越来越兴隆。如今，梅西公司已经成为世界上最大的百货商店之一。

梅西经历了一次又一次失败，但是他从来没有因此而萎靡不振，也没有产生过放弃的念头。经营杂货铺失败了，他就将目光转向饭馆；经营饭馆失败了，他又将目光转向布匹服装店；经营布匹服装店也失败了，可他还是没有屈服，总结了经验教训，最终获得了成功，成就了辉煌的事业。

失败也好，成功也罢，都是昨天的事情。失败不是今天的耻辱，成功也不是今天炫耀的资本，特别是在失败面前，我们即便是后悔也无法挽回事实。古人说得好：“山重水复疑无路，柳暗花明又一村。”在这个路口我们或许跌倒了、失败了，但是在下一个路口，或许有更多的惊喜和收获在等待着我们。如果我们沉溺于现在的失败和挫折而不能自拔，那么就会迷失了方向，找不到继续前进的道路。

有句话说得好，成功不是打败对手，而是站起来的次数比倒下的多一次。所以说，失败了没有什么大不了的，我们应该学会坦然地面对失败，忘记所有的失败和耻辱，顽强地站起来，在下一个路口重新出发，相信成功的曙光就在不远的前方。

或许，重新站起来是艰难的，但是我们只要可以迈出艰难的第一步，以后呈现在我们面前的便不再是迷茫和黑暗，而是充满光明和美丽风景的成功之路。

今天你是否超越了昨天的自己

我们经常会遇到这样的人，他们只知道无休止地忙碌，然而几十年下来，他们根本不知道自己究竟忙了些什么，更不知道为什么而忙碌。这样的人一生都没有给自己留下什么，更没有留下任何有价值的东西。

我们还会遇到这样的人，他们只知道向前冲，因此很容易掉入陷阱之中。然而，等到他们爬出来之后，仍继续向前冲，从来没有坐下来想过自己的行为，以至于下一次还会掉入同样的陷阱之中。

这两类人注定最终一无所成，因为他们从来不善于反省自己、清理自己，也不知道找到导致自己掉入陷阱的原因。仔细思索一下，你是否也属于上面提到的那两种人？如果答案是肯定的，那么赶紧行动吧。从现在起，多认识自己、多反省自己，并且及时清理自己，这样你才能超越昨天的自己，从而走上成功的道路。

一个人的成功并不取决于他的天赋与所拥有的地位和财富，而是取决于他是否能不断战胜自己、超越自己。我们总是习惯在熟悉的领域或是擅长的行业内表现自己，如果我们能够冷静下来想想，就会发现，原本忙碌和一成不变的工作已经使我们失去了提升自己的积极进取之心。其实，我们的潜力是无限的，如果我们没有积极进取的精神和意识，就只能使自己困在原地。

第一次世界大战期间，法国总理克里蒙梭十分喜欢抽雪茄，但是繁重的公务和长时间抽烟导致他的身体日渐衰弱。私人医生劝告他说："吸烟已经严重影响到您的身体健康，如果想要保重身体，就必须戒掉香烟。"克里蒙梭听从了私人医生的劝告，从此以后开始戒烟。但是私人医生每次给克里蒙梭检查身体的时候，都会发现他的桌上摆放着雪茄盒，而且盒盖总是打开的。私人医生无奈地说："您不是决定要戒烟了吗？为什么还在抽烟，难道您不知道这对身体不利吗？"克里蒙梭却笑着说："我们只有经历艰苦的战役才能收获胜利的喜悦。同样，将雪茄放在眼前，我虽然会受到欲望的驱使，但是只要能忍耐下去，就能超越自己，最后收获战胜自己的喜悦。"

我们最难打败的敌人并不是别人，而是我们自己。想要成为人生中的强者，就要超越昨天的自己，不断地调整自己、战胜自己。我们只有不断地清理和超越自己，不断地努力，才能在竞争中领先竞争对手，才能赢得人生中真正的胜利。

曾经参加过一个品牌经理培训会，这样的培训会我每年都会参加几次，但每次内容都大同小异，无非就是如何激励自己、如何坚持到底等。但是，这次培训会却让我印象深刻。培训会即将结束的时候，主讲人组织了一个现场活动，即一个俯卧撑比赛。主讲人说道："在比赛开始之前，我想先问一下大家，你们可以做多少个俯卧撑？"有人回答10个，有人回答30个，有人则回答60个。最后，主讲人笑着说："大家都很不错，那么接下来我们就看看大家究竟能做多少吧。"随后，全场学员包括主讲人立即在原地做起俯卧撑。一段时间过后，大家都筋疲力尽地站起来，可是却惊奇地发现，主讲人仍在不停地做着，最后，他竟然连续做了600个俯卧撑！

在这个过程中，我们先从惊讶到震惊，再到报以热烈的掌声，甚至有人感慨地流下了眼泪。若不是亲眼所见，没有人能够相信竟然有人可以连续做600个俯卧撑。对于一个普通人来说，这是多么令人震惊的数字。然而主讲人却做到了，可他并没有什么特殊的地方，甚至有些微胖。当我们问主讲人连续做600个俯卧撑的秘诀时，他竟简短而有力地说："每天超越自己一点点！"

主讲人接着讲述了自己的亲身经历：几年前，他只是刚刚走出大学校园的毛头小子，经过努力之后，成功应聘成为一家公司的销售员。然而，一开始公司老板就任命他为市场部经理。面对天上掉下来的馅饼，他既高兴又忧愁。高兴的是获得了老板的赏识，刚刚走出校园就成为一家公司的市场部经理；但是他知道自己没有任何工作经验，所以，他害怕自己不能胜任这个职位。当他向老板说出自己的疑虑时，老板竟随意地说："没关系，你尽管大胆地尝试，我可以在最短时间内教你胜任这个职位。"

如此，他才松了一口气。他原本以为老板会教授他一些工作经验或是注意事项，然而令他失望的是，老板只是送给了他一句话，那就是："今天你要尝试超越昨天的自己。"接着，老板表示要与他做一个实验，即让他尽己所能地做俯卧撑。虽然他不明所以却依然照着做了，仅仅做了28个俯卧撑。当时老板对他说："其实，工作与俯卧撑一样，需要坚持不懈地执行。只要我们每天都超越昨天的自己，每天都比昨天进步一点点，那么经过长时间的努力，我们在工作中一定会有意想不到的收获。"

他按照老板所说的做了，无论是工作还是做俯卧撑，每天都坚持超越自己一点点。两年之后，他做俯卧撑的数量从28个增加到600个。而在工作上，他也由一个没有任何经验和信心的毛头小子，成为一名游刃有余、信心满满的市场总监。

每天都要尝试超越昨天的自己，这样我们才能不断地进步、不断地完善自己，从而让自己的人生更加精彩。只要我们勇于超越自己，不断调整自己的人生目标，就能从人生的低谷攀向新的高峰，领略到无限美丽的风光。

第三章　追逐梦想的路上，汗水也是甘甜的

梦想是我们追求美好生活的动力，是我们精彩生活的信仰。在追逐梦想的道路上，必将经历风雨，经历坎坷，但是它却使我们不再彷徨，不再悲伤。所以说，在追逐梦想的路上，汗水也有甘甜的味道。

一块石头，因为梦想而不同凡响

我们是否还记得儿时的梦想，是否还记得年少时的雄心壮志？我们曾经踌躇满志，下决心做出一番事业，梦想着成为一名出色的设计师、著名的工程师。但是，随着时间的推移，我们依旧默默无闻，依旧做着普通的工作。所以，我们开始怀疑自己，开始抱怨工作。可是，我们可曾想过，我们是否为梦想拼出了全力，我们可曾始终坚持自己的梦想？在追逐梦想的道路上，必然会经历无数的失败和坎坷，如果我们疑虑、退缩，那么梦想就会离我们越来越远。

我们应该怀有梦想，我们更应该坚持自己的梦想。如果以往的梦想一直像石头一样坚定，那么平庸的东西也可能产生奇迹。我们常说，当一块石头插上梦想的翅膀时，它也可以变得不同凡响。

在法国有一座著名的城堡，它不是皇室的宫殿，也不是贵族的府邸，而只是一由普通的邮差用普通石头搭建的低矮城堡。然而，它却是法国最著名的风景旅游点，吸引了无数游客慕名参观，就连著名的画家毕加索都曾专程来参观这座奇特的城堡。在城堡入口的石头上，刻着建筑者的一句话："我想知道一块有了梦想的石头能走多远。"是啊，一块普通的石头，如果插上了梦想的翅膀，那么它就可以成为不同凡响的城堡。这座著名的城堡的名字叫作“邮差薛瓦勒之理想宫”。

薛瓦勒是19世纪的一名普通邮差，他每天都奔走于乡村之间。有一天，在匆忙赶路时，他被一块石头绊倒，当他准备起身离开时，发现脚下的石头形状十分奇特，于是他就随手捡起来，放进了自己的邮包之中。在送信的过程中，村里的人看到他的邮包里有一块沉重的石头，便对他说：“你每天要走那么多山路，为什么还要背着这么重的石头？赶快将它扔掉吧。”

薛瓦勒却笑着说：“你们难道不觉得它是一块美丽的石头吗？”

人们都嘲笑他说：“这样的石头满山都是，有什么稀奇的。如果你喜欢，这里的石头够你捡一辈子的。”

夜晚，他爱不释手地把玩这块奇特的石头的时候，突然一个大胆的念头浮现于他的脑海：如果用这么美丽的石头建造一座城堡，那该多么迷人啊！从此以后，在每天送信的过程中，他都会寻找美丽奇特的石头，幸运的是，在乡村的路上，这样美丽的石头俯拾即是。很快，他便收集到许多奇形怪状的石头。但是想要建造城堡却远远不够，小小的邮包已经难以装下他随手捡起的石头。于是，他开始推着独轮车送信，只要发现自己喜欢的石头就会装上独轮车。就这样，他每天不辞辛劳，白天推着独轮车送信和运送石头，而晚上则按照自己天马行空的想法来搭建属于自己的城堡。他感觉自己就是一个建筑师，一定要用这些石头建造出美丽奇特的城堡。

一开始，人们都以善意的语言劝告他不要异想天开，慢慢地，他的行为在人们眼中似乎成为一种疯狂的行为，甚至大家都觉得他精神出了问题。但是薛瓦勒不以为然，每天依旧收集大量的石头，独自快乐、幸福地建造自己的城堡。

时光流转。在二十年的时间内，薛瓦勒一直乐此不疲地寻找石头、运送石头、堆积石头。后来，人们发现，在乡村偏僻之处，出现了许多错落有致的城堡，其中有伊斯兰教的清真寺，也有印度教的神殿；有亚当和夏娃雕像，还有耶稣基督神像。一座座低矮的城堡，风格独特，与周围的风景相得益彰。

后来，一位报社记者偶然发现了这群令人叹为观止的城堡，在报纸上报道了薛瓦勒的事迹，并且刊登了城堡的图片。一时间，薛瓦勒和他的城堡受到了法国乃至世界的广泛关注，后人甚至将这些城堡看作是中世纪末教堂中的建筑杰作。后来，这里不仅成为法国著名的旅游胜地，还被评为世界文化遗产。

将来的你，一定会感谢现在拼命的自己

曾经看过这样一个故事：一个虔诚的信徒失业了，于是整天在家唉声叹气，抱怨公司不能知人善用，抱怨自己没有太好的运气，并且祈祷上帝赐予他一份好工作。很长时间过去了，上帝都没有应允这个信徒的要求。天使迷惑不解地问道："上帝，这个信徒这么虔诚，您为什么不帮助他呢？"

上帝无奈地说："我已经在他附近的每一个机构、工厂、商店都为他准备了一个工作，但是他从来没有申请过，只是不

停地在家抱怨和祈祷。他自己不懂得努力争取，我又如何能帮助他呢？”

在你的身边，是不是也有这样的人？他们自认为聪明能干，而抱怨老板没有给他们发展的机会。可是，从另一个角度思考一下，难道真是公司和上司没有给予他们机会吗？还是因为他们自己并没有付出努力而错失良机？

试想，即便我们拥有诸多才能，却没有真正行动起来，上司又如何发现和认可我们的才能呢？即便我们拥有伟大的梦想，但是不肯迈开自己的脚步，踏踏实实地去实现，那么梦想和目标也不过是遥远、缥缈的美梦而已。一味地抱怨和等待，永远也等不到出人头地的机会。只有竭尽所能地展现自己的实力，一步一步地向着自己的梦想和目标前行，才能为自己的将来博得一片精彩的天地。

记得曾经看过著名舞蹈表演艺术家陈爱莲的采访，她在谈论自己的成功时，回忆说：“因为热爱舞蹈，我就准备一辈子为它受苦。我的生活几乎没有‘八小时’以内和以外的区别，也没有节假日和非节假日的区别，我的生活几乎只剩下舞蹈。虽然我每天都筋疲力尽，但是因为我热爱舞蹈事业，所以我觉得这辛苦也是幸福的。”正是因为陈爱莲热爱舞蹈事业，所以她将全部精力都集中在舞蹈之上，并且心甘情愿地为其努力奋斗，而这也让她的生活更加充实、更加多彩，也使她的人生成为一道美丽的风景线。

伟大的发明家爱迪生说过，天才是靠99%的努力和1%的灵感。可见，想要获得事业的成功和人生的幸福就必须付出勤奋和努力。幸运的果实从来不会降落在懒惰者的头上，它只会青睐那些努力向它靠近的跋涉者。

追逐梦想和成功的道路是用努力和拼命铺就的，不经历一番艰难的努力，就很难抵达梦想的彼岸。古往今来，要想实现梦想和获得成功，就须付出坚持不懈的努力，这是任何人都不可能摆脱的规律。

在美国得克萨斯州路芙根市有一个名叫威廉·江恩的小男孩，他自小跟随父母从爱尔兰移民到美国。因为家中本就贫困，再加上当时美国经济不景气，使得江恩一家的生活更是难上加难。

江恩很小的时候便辍学在家，不得不像大人一样为了生计而四处奔波。他为了贴补家用、帮助妈妈，做过很多工作，包括在火车上卖报纸、送电报，贩卖明信片、食品、小饰物等。虽然每天江恩都四处奔波，但是他的背包中总是装着课本，当别的报童四处玩耍或是听卖场的歌手唱歌时，江恩总是偷偷地躲在车站的角落里读书。

就这样，江恩学习到了很多知识，更增长了自己的见识和拓宽了视野。江恩的家乡盛产棉花，而江恩便想利用这一优势做出一番事业。他搜集了大量资料和信息，并且对棉花过去十几年的价格波动做了分析和总结。后来，24岁的江恩第一次踏入股市买卖棉花期货，由于之前做了详细的功课，所以第一次便小赚了一笔。之后，他又尝试做了几次交易，每次都能赚取一些钱财。

初期的成功给了江恩无限的信心和希望，于是，不久后他便前往俄克拉荷马去当股票经纪人。江恩当上股票经纪人之后，仍旧保持着勤劳稳重的工作原则，当别的经纪人将主要精力集中在如何寻找客户、如何提高自己的佣金上时，江恩却将美国证券市场有史以来的记录都搜集起来，一头扎入那些杂乱无章的庞大数据之中，寻找其中的规律和价值。当别的经纪人出入高级酒店、高级餐厅时，江恩却甘心穿着寒酸的衣服在狭小的地下室中整理数据。对于江恩这样的行为，人们都嘲笑他笨拙、迂腐，甚至背地里给他起了“路芙根的大笨蛋”的外号。

然而，江恩并不理会别人的嘲笑，也不在乎生活的艰苦。在进入证券市场的最初几年，江恩一直不分昼夜地在大英图书馆研究金融市场的历史和规律，努力地学习金融市场知识、增长自己的见识。当江恩30岁的时候，他来到美国最大的城市——纽约，成立了自己的经纪业务公司，并且发展了他最重要的市场趋势预测法：控制时间因素。

之后，江恩准确地预测了证券市场走势，一时声名大震，成为美国证券市场最炙手可热的分析师。很多人对于江恩对证券市场的准确定位颇为不解，甚至有些人怀疑他的成功只是媒体宣传和渲染的结果。

为了证明自己的能力，1909年10月，江恩接受了记者的访问，并且在记者和公证员的监督下，在当月的25个市场交易日进行了286次买卖。结果，264次获利，22次损失，获利率竟高达 92~93%。此消息一经传播，立即在美国金融界引起震动，而江恩也成了美国最出色的经纪人和分析师。

此后的几年，江恩在华尔街赚取了5 000多万美元的利润，创造了华尔街金融市场上白手起家的神话。不仅如此，他还潜心研究金融市场的发展规律，创造出著名的“波浪理论”。

美国著名行动大师杜勒姆说：“天下没有不努力的成功，

要么是不劳而获，要么是不期而遇。但它们都不是你真正的成功地图。相信自己的努力，就等于相信自己付出之后必有回报。因此，多一次努力，就多一次逼近成功堡垒的机会。”

很多时候，我们总是用“幸运”来形容一个人的成功和崛起，殊不知，凡是取得成功的人，无不是靠着艰苦卓绝的努力与永不放弃的执着。今天，你的处境可能是艰苦和孤独的，但是只有忍受住那段艰苦、孤独的时光，拼命地努力奋斗，你才有可能成就将来的自己。到那时，你一定会感谢今天的努力，一定会品尝到成功的甘甜。

小虾米也要有大鲨鱼的梦

无论什么时候，怀揣梦想都是一件美好的事情，因为梦想是我们人生奋斗道路上的一盏明灯，是指引我们驶向成功彼岸的一座灯塔。如果没有梦想的存在，我们就会像在茫茫大海中航行的船只，失去了前进的方向。

正如马云所说的那样：“小虾米一定要有一个鲨鱼梦。”即便我们是茫茫大海中渺小的虾米，但是只要我们拥有远大的梦想就会无所畏惧，就会找到属于自己的美丽海域。只要我们无所畏惧地向着自己的梦想前进，那么就可以与庞大的鲨鱼相比肩。虽然小虾米的“鲨鱼梦”从来不会一帆风顺，但是只要我们能够全力以赴，就会一步步接近成功。

有一次，著名拳王吉姆·柯伯特到河边跑步，遇到了一个钓鱼的人。显然，那天那个人的运气十分好，钓到了很多大鱼。然而，令柯伯特感到奇怪的是，那个人将所有的大鱼都放回了河里，放进桶里的全是小鱼。柯伯特特意询问其缘由，他无奈地回答说："你以为我喜欢这么做吗？我也喜欢大鱼，可是我只有一个小煎锅，根本煎不了大鱼。"

那个人的做法实在令人费解，他只想到自己的小煎锅煎不了大鱼，但是为什么不考虑换一个大煎锅呢？生活中也是如此。很多时候，我们都有一番雄心壮志，都有一个远大的梦想，但是却经常告诉自己："我只是汪洋大海中的一只小虾米，怎么能拥有大鲨鱼的成就呢？"我们甚至时常给自己找借口，"别人都无法完成的事情，我怎么能完成呢？""我没有那么大的能力，我还是找一些容易的事情做吧。"正是因为我们不敢去想、不敢去做，所以无法获得更大的成功，更无法实现自己的梦想。世界上没有什么不可能的事情，只要我们敢想敢做，一切都有实现的可能。

每个人都并不平庸，更不应该甘于平庸。好在我们还有梦想，一旦我们拥有了梦想就会无所畏惧。梦想是一个人前进的动力，如果一个人缺乏远大的梦想，那么就如同一只无头的苍蝇一般，只能浑浑噩噩地生存在这个世界上。只有拥有了远大的梦想，我们才能有奋发向上的志气，才能有梦想成真的机会。

在美国旧金山贫民区生活着一个小男孩，与其他小孩不同的是，他因为从小营养不良而患有软骨症，在六岁时双腿就变形了，小腿甚至已经萎缩。然而，他从小就拥有一个令人难以置信的梦想，那就是成为美式橄榄球的全能球员。

他最崇拜的人物就是美式橄榄球克利夫兰布朗队的传奇人物吉姆·布朗。尽管小男孩双腿不便，但是每当吉姆来到旧金山比赛时，他都会一跛一跛地到球场为偶像加油。由于生活贫穷，他根本买不起门票，所以只能等到全场比赛快结束的时候，趁工作人员打开大门时偷偷溜进去。虽然每次只能欣赏最后几分钟的比赛，但是这丝毫没有影响他对偶像的崇拜和对美式橄榄球的热爱。

在他13岁时，一次偶然的机会，他在一家冰淇淋店遇到了偶像吉姆·布朗。虽然他是如此渺小，但是心中没有丝毫自卑，他大方地走到偶像面前，大声地说道："布朗先生，我是您最忠实的球迷。"吉姆·布朗和蔼地对他表示感谢。他又接着说道："布朗先生，您知道一件事吗？"吉姆·布朗好奇地问："请问是什么事情？"

他骄傲地说道："我记得您所创下的每一项纪录、每一次布阵。"

吉姆·布朗开心地笑了起来，随即对他说："你真是不简单。"

这时，他挺起了胸膛，昂起了头，自信地看着吉姆·布朗说："有一天，我会打破您创下的每一项纪录。"

听完这句话，吉姆·布朗玩味地看着眼前这个瘦弱却自信满满的小男孩，微笑着问道："孩子，好大的口气。请问你叫什么名字？"

他脸上绽放出天真、自信的笑容，说："我叫奥伦索·辛普森。"

后来，奥伦索·辛普森果然成为一名出色的美式橄榄球球员，不仅打破了吉姆·布朗创下的所有纪录，还创下了一系列新纪录。

奥伦索·辛普森这只“小虾米”，不仅生活贫困，身体还存在着一些缺陷，但是他却拥有伟大的梦想，并且为了实现自己的梦想而不断地努力奋斗，最终实现了“鲨鱼梦”。

我们会成为什么样的人、会有什么样的成就，完全在于我们有什么样的梦。那些看不见的梦想，看似虚幻缥缈，看似不可触及，但是只要我们敢想敢做，便可变成看得见的现实。事实上，我们若是想要将看不见的梦想变成看得见的现实，就必须给自己设定一个长远的目标，它看似不容易达成，却对我们有足够的吸引力，吸引我们全心全意地去追逐自己的目标。这时，如果再加上坚定的信念，那我们就成功了一半。

在美国宇航局门口的铭石上刻着这样一句话：“你能想到的，就会实现。”伟人之所以能成就伟大的事业，是因为他们从来不甘于平庸，他们拥有常人不可企及的伟大梦想。人们常说，凡事敢想就成功了一半，只要你敢想，一切都有成为现实的可能。

梦想开始了，就不要停下来

俞敏洪曾经这样说过：“一个人要实现自己的梦想，最重要的是要具备以下两个条件：勇气和行动。”对于坚强的人来说，在实现梦想的道路上飞奔就是人生最大的快乐；而对于那些懦弱的人来说，梦想道路上的挫折就是前行的最大障碍。所以，如果我们想要取得事业的成功，就应该拥有为梦想而奋斗的决心，不论遇到任何困难和挫折，都不要停止追逐梦想的步伐。

其实，很多人不能实现梦想的原因，与其说是人们的嘲讽和非议扼杀了他们的梦想，不如说是他们的懦弱和屈服使自己放弃了追逐梦想的念头。

家里卫生间的地板防水出了些问题，所以不得不请两个农民工维修，他们一个是几十岁的中年人，一个是二十几岁的年轻人。当初我已与他们商量好，工钱一人40元。可是，当中年人凿了几下后便抱怨说："这地板太硬了，必须加钱，否则我们就不干了。"

我立即着急地说："工钱不是说好了吗？为什么现在要求加钱啊？"然而，中年人却坚持加钱，还一副不达目的誓不罢休的样子。我忍无可忍地说："如果你觉得干不了，就随便吧！"中年人气愤地离开了。然而我发现，与他一起来的年轻人却并没有离开，仍一声不吭地埋头苦干。我疑惑地问道："你为什么不走？"

他并没有停下手中的活儿，说道："有钱赚，我为什么要走啊？"

我说："那你要多少钱？"

他痛快地说道："当初谈定的价钱，40元就可以搞定。"

我见年轻人诚实肯干，便与他多聊了几句。原来，年轻人高中毕业后，由于家庭条件困难而不得不出来打工。为了多赚一些钱，甚至春节期间都不回家过年。他还兴致勃勃地与我聊了以后的梦想和计划，他打算赚到足够的钱后上自考大学，学上一门技术，这样，他就能找到更好的工作，让家人过上更好的生活。

看着这个朝气蓬勃的年轻人，我被深深地触动了。虽然他家庭贫困，做着最艰苦的工作，却拥有一颗不屈的心，拥有自己的梦想。最后，我笑着对他说："你的美梦一定能实现。"所以，不论我们身处什么样的环境，不论我们从事什么工作，都不要忘了自己的梦想。

成功的道路上并不拥挤，因为能够坚持梦想的人并不多。不要让别人偷走我们的梦想，只有在梦想的道路上飞奔，将自己的汗水挥洒在梦想的道路上，我们才会越来越接近自己的目标。

休·海夫纳年少时贫困潦倒，但是他有一颗不甘平庸的心，他有着远大的梦想，并且不顾一切地在梦想的道路上飞奔，最终成就了《花花公子》的辉煌。

由于家庭贫寒，休·海夫纳只读到了中学毕业便放弃了学业，成为一名军人。因为他表现优秀，积极上进，所以获得了军队推荐上大学的机会。一个偶然的机会，他阅读了一位博士发表的关于女性的文章，并且对这篇文章产生了浓厚的兴趣。从此，他经常阅读这方面的书籍和资料，并且决定创办一本风格独特的男性杂志。

休·海夫纳大学毕业之后，进入了芝加哥一家漫画公司，虽然他拥有了别人羡慕的工作，但是这并不是他所追求的目标。为了追求自己的梦想，他辞掉了稳定的工作，四处奔波寻找新的工作，终于被一家叫作《老爷》的美国畅销男性杂志社聘用。在杂志社工作期间，他不仅努力工作，还认真研究该杂志社的出版流程和销售经验，熟悉时尚杂志的相关专业知识。经过几年的学习，他已完全掌握了时尚杂志的运作情况，并且决定创立一本类似的杂志。

于是，他离开了《老爷》杂志社，开始筹办杂志。由于家里生活贫困，所以，为了维持家庭生计，他不得不找了一份儿童杂志社的发行工作。后来，他四处筹集资金，好不容易筹集了1 000美元，创办了一本名叫《每月女郎》的杂志。《每月女郎》不仅吸收了《老爷》的优点，还加上了自己的创意和想法，所以，杂志一经发行就受到了读者的热烈欢迎，销售量也越来越大。

然而，正当休·海夫纳扬扬得意的时候，他却收到了《老爷》杂志社的律师信，表示他侵犯了《老爷》的版权。休·海夫纳觉得杂志最重要的是内容新颖、能吸引读者的眼睛，于是他对杂志进行了一系列调整，并且将杂志改名为《花花公子》。令人没有想到的是，改版后的《花花公子》更加受到读者的欢迎，销售量得到快速增长，很快就成为美国最流行的杂志。

休·海夫纳虽然出身贫寒，却拥有极其远大的梦想，尽管在追逐梦想的道路上遇到了很多困难和挫折，但是他并没有放弃，而是向着自己的目标不断前进、不断摸索，最终实现了辉煌的梦想。

梦想开始了，就不要轻易让自己停下来，因为只有坚持不懈地为自己的梦想奋斗，我们才能改变自己的处境，才能获得更美丽的人生。

只有持久的激情，才能实现你的梦想

当初，我们刚刚跨入职场，对陌生的环境和新鲜的工作充满了好奇和兴奋，无论做什么事情都激情高涨、跃跃欲试。不过，随着时间的推移和工作经验的增长，好奇和兴奋将会逐渐离我们远去，工作积极性也会逐渐下降。这样一来，工作就会变成枯燥、程序化的任务，变成应付领导的差事。没有激情地工作怎么能获得出色的成绩，没有激情地生活怎么能收获更大的奇迹？

我们不能单一地工作，而是应该明白工作的真正价值，将自己的兴趣融入工作之中，这样才不会产生厌倦和懈怠的心理。如果我们能够在遇到困难和情绪低落的时候迸发出工作激情，那么就能实现自己的理想和价值。

有些人将全部精力都用在工作上，似乎整天都有忙不完的工作，但是这些人从来不在意自己的工作状态，工作效率也比其他人更低。这究竟是为什么呢？因为他们只是机械地工作，从来没有付出自己的热情，所以即便搞得自己身心疲惫，也无法提高效率，更无法取得出色的成绩。所以，他们开始埋怨自己时运不济，甚至将失败的原因归咎于没有贵人相助等。其实，这些人忽略了最重要的原因，那就是他们在工作过程中，没有任何激情。

一次偶然的机会，我遇到一位汽车行的经理，他拥有好几家连锁店，生意做得越来越大。他曾经自豪地说："我之所以取得今天的成就，是因为手下的员工个个都热情高涨，对自己的工作充满了热爱。"

然而，在几年之前，情形并非如此。那时，他还没有开设连锁店，甚至连唯一的店面都业绩惨淡。员工们每天都无精打采，厌倦了这里的工作，甚至有些员工产生了辞职的念头。他为此苦恼不已，每天都思索解决问题的办法。后来，他想：为什么我不用积极的工作状态感染他们，让他们重新获得工作的激情呢！

于是，从那天起，他每天都第一个到达公司，微笑着向每个员工打招呼。他每天都激情饱满地工作，取消了自己所有的假期，并且将自己的工作一一列在日程表上。同时，在遇到难以解决的问题时，他改变了方法，而是会与员工交流谈论。在他的影响和感染下，所有员工都恢复了工作热情，变得积极上进，从而使得公司的业绩也有了很大的提升。后来，他逐渐开了几家连锁店，生意也更加兴旺。

车尔尼雪夫斯基曾经说过："一个没有受到献身的热情所鼓舞的人，永远不会做出什么伟大的事情来。"无论是在工作还是生活中，持久的激情都是最重要的，因为它可以使我们超越平时的工作水平，可以给我们的人生创造出更多的奇迹和惊喜。

据说，微软公司招聘员工时有一个严格的标准，即要求“微软人”首先是一个非常有激情的人，即对公司有激情、对技术有激情、对工作有激情。微软公司的招聘官甚至坦言：“在某个具体的工作岗位上，若这个员工经验不足，年纪不大，但是他拥有饱满的激情，我也愿意给他一次机会。”

微软公司前CEO史蒂夫·鲍默尔就是一个激情四射的人。鲍默尔刚到微软公司的时候，既不懂管理也不懂艺术，但是他的薪水却比董事长比尔·盖茨还要高。因为他具有独特的人格魅力，能激发全体员工的工作热情。在他的领导下，全体员工充满激情地工作，无论多苦多累都没有丝毫怨言。正是因为微软拥有充满激情的团队，所以才能不断推出领先国际水平的新技术，也才能成为世界软件领域的霸主。

所以说，如果我们怀有一颗激情之心，无论遇到多少困难或是经历多少磨难，都会创造出令人意想不到的奇迹。如果我们在工作中充满激情，那就会得到意想不到的结果，而激情就是将我们的热情转化为现实的催化剂。激情不仅是一种工作态度，也是一种生活态度。很多人在生活和工作中遇到了种种困难，但是他们并没有退缩，而支撑他们走下去的力量就是心中的激情。

那些做出突出成绩的人，无不对所从事的工作和自己的生活充满激情，甚至到了疯狂的境界。美国的猫王是一个传奇式的人物，甚至影响了美国几代人，他的一位朋友曾经说：“他之所以伟大，是因为他对音乐有着疯子般的激情。”皮特·哈里斯是20世纪著名的企业家，在零售业取得了巨大成就。每当有人问起他是如何取得辉煌的成就时，他只会提及两个字，那就是激情。他在接受《华尔街日报》采访时说：“我之所以从事零售业，是因为我十分喜欢这项工作。我记住了一位前辈的教导：不论做什么事情，既然决定了就要投入自己所有的热情。”

对于大多数人来说，缺少的不是能力，而是激情；对于大多数企业来说，缺少的不是管理，而是正确激发员工的激情。我们只有对工作和生活充满激情，才能释放出自己巨大的能量和潜力，才能在工作中体现最大价值，在生命中获得最大成功。

生活在峡谷之中，也要仰望星空

很多人勤勤恳恳地工作，日复一日地忙碌，可是成功并没有青睐他们。其实，造成这种结果的原因并不是因为他们不够努力，也不是因为他们不够聪明，而是因为他们的目光看得不够远，缺乏远大的梦想和崇高的目标。

试想，整天坐在井底的青蛙，只能看到头顶的一片天，我们怎能奢望它拥有更加辽阔的视野？整天穿梭于房檐庭院的麻雀，只能享受庭院的小片天地，我们怎能奢望它飞向广阔的天空？而飞翔在蓝天之中的雄鹰才能看到更广阔的天地，才能感受到世界究竟有多大。我们要让自己从麻雀变成雄鹰，这样才能找到人生的方向，才能实现远大的梦想。

想要看到无垠的大海，想要看到辽阔的草原，就必须站得更高一些，看得更远一些；想要成就伟大的事业，想要获得美好的人生，就必须拥有远大的梦想，扩展更广阔的视野。如果我们的眼睛只是盯着眼前的工作，满足于手中的薪水，而不是发掘自己的潜力、发现更广阔的天空，那么我们又如何赢得属于自己的一片天地？所以，无论什么时候都要仰望星空，都要看得更远一些，即便此时你正生活在峡谷之中，即便此时你只是普通的小人物。

几千年前的一天晚上，古希腊哲学家泰勒斯在草地上观察星星，他被这晴朗的夜空和闪烁的繁星所吸引，一边仰头遥望天空，一边慢慢地走着。不料，一不小心竟掉入了两三米的深坑之中，坑中的泥水淹及胸部，泰勒斯根本爬不上来，只能高声呼救。过了很久，泰勒斯才被路人解救出来，谁知他不顾全身的疼痛，却对路人说："明天会下雨。"第二天，果真下了雨。人们对泰勒斯敬佩不已，而有些人却嘲讽地说："泰勒斯虽然知道天上的事情，却看不见脚下的东西。"然而，两千年以后，德国哲学家黑格尔听了泰勒斯的故事后，却感慨地说："只有那些永远躺在坑里从不仰望天空的人，才不会掉进坑里！"

泰勒斯因为只顾着仰望星空，忘记了看好脚下的路，才导致自己掉入了深坑之中，所以人们才会嘲笑他看不见眼前的东西，不懂得脚踏实地的真正意义。但是，黑格尔却有独特的见解，那些永远躺在坑里却从来不仰望星空的人、那些只顾着低头走路的人确实不会让自己掉入坑里，然而，这些人永远也看不到美丽的星空，永远也走不出困住自己的深坑。所以，我们不仅要留意脚下的道路，更应该有仰望星空的情怀。

人生的道理也是如此。无论做什么事情我们都要有脚踏实地的精神，要有拼搏努力的勇气，但是更要有长远的眼光和广阔的视野，否则我们只能将自己局限在眼前的小天地之中，永远也看不到广阔而又丰富多彩的世界。

我们常说："站得高才能看得远，看得远才能走得远。"任何人的成功都不是偶然的，如果我们没有远大的梦想和实现梦想的雄心，那么只能成为庸庸碌碌的平凡人；如果我们没有远大梦想的指引，那么永远也无法站在成功的顶峰。所以说，一个人眼光的高度决定了他梦想的高度，而一个人梦想的高度则决定了他成功的高度。当然，远大的梦想并不是好高骛远，而是仰望星空、脚踏实地地为自己的梦想而奋斗。

曾经有一个爱做梦的年轻人，而他的远大梦想就是成为美国总统。在接下来的岁月中，他一步步地向着自己的梦想努力前进，逐步成为纽约的参议员、海军部助理部长，后来还成为副总统的候选人。正当他离自己的梦想越来越近的时候，由于突染重病，他成为双腿瘫痪的残疾人。但是，他并没有因此放弃自己的总统梦想。

为了实现自己的梦想，他制订了一系列身体复原计划，第一步便是从爬行开始。他从不愿意掩饰自己的丑态，甚至为了锻炼自己的意志，每次在爬行的时候都将家人、佣人叫来观看。虽然他拼尽了全力，却赶不上刚刚会走路的小孩子。家人不忍心他如此折磨自己，可他却要坚持到底，发誓一定要让自己站起来。经过了7年的艰苦锻炼，他终于可以站起来了，尽管只能站立一小时，却更加坚定了他的信心和决心，随后逐步恢复了行走能力。在康复期间，他不仅努力地恢复身体，还大量地阅读各种书籍，其中包括历史著作和人物传记。

后来，他在家人的理解和支持下，再次踏入政界，1928年成为纽约州州长，1933年成功出任美国第32任总统，此时，他终于实现了自己当初的梦想。他就是美国最著名的总统富兰克林·罗斯福。不仅如此，他还是美国历史上3次连任、任职12年的伟大总统。

远大的梦想和对梦想的执着使罗斯福创造了生命的奇迹，而他的成功更激励了那些拥有远大梦想的人们，让他们为自己的人生目标奋斗不止。

即便是身在低谷之中，也要仰望星空；即便是身处困境，也要有远大的梦想和崇高的目标。只要我们拥有实现梦想的雄心壮志，再加上矢志不渝的努力，那么就没有什么不能成为现实。

追梦的人，注定是独孤的旅行者

著名历史学家范文澜说过这样一句话："坐得冷板凳，吃得冷猪肉。"其实，这句话讲的是过去的文人，只有年复一年地刻苦钻研，忍受住十年苦读的寂寞，才能出人头地，得到更高深的道德与学问，成为与孔圣人一起分享人们供奉的“冷猪肉”。做学问是如此，做人又何尝不是如此？在追逐梦想的道路上，我们只有忍受住孤独寂寞，才能获得成功的人生。

年轻时，我们都惧怕孤独，都急于取得事业的成功，但是成熟之后才逐渐明白，只有忍受住孤独寂寞才能让自己静下心来；只有静下心来，耐得住一路上的孤独寂寞，才能在追逐梦想的道路上越走越远。

我们常说，辉煌的成功时常隐藏于孤独的背后，只有耐得住孤独、潜心苦练才能达到最后的目标，才能实现梦想。正如作家刘墉所说：“年轻人要过一段‘潜水艇’似的生活，先短暂隐形，找寻目标，积蓄能量，日后方能毫无所惧，成功地‘浮出水面’。”

追寻梦想的过程是一个充满苦涩和伤痛的过程，我们会被嘲笑、被讽刺、被误解，甚至被世人所抛弃；追寻梦想的过程是一个夹杂着坚持和放弃的过程，大多数人因为无法忍受其中的痛苦和艰难而中途放弃。所以，追寻梦想的过程注定是一个孤独的过程。但是这过程中也充满了甜蜜和幸福，那就是对美好未来的向往和享受追梦的幸福。

追梦的人，注定是独孤的旅行者

邻居家有一名刚刚走出大学校园的毕业生，虽然没有任何经验，但是身为名牌大学的高才生，能力又异常突出，自然是前途无量。大家都以为他会进入知名企业，可最终他却进入了一家并不知名的小公司。他的选择遭到了家人的一致反对，就连大学同学都认为他是“误入歧途”的傻瓜。然而，他认为，虽然这家公司并不出名，但是具有独特的营销方式和经营理念，他感觉这里可以让自己得到更好的锻炼，可以实现自己的理想和抱负。

于是，为了证明自己的选择和能力，他将全部精力都用在工作上，努力学习业务知识，不断提高自己的能力，尽管他付出了比常人多几倍的努力，但是他从来没有想过放弃。正是因为他的努力，使得自己的业务水平得到了快速提高，刚刚进入公司几个月就创造了数万元的利润，从而受到了公司的器重。一年后，他被公司派往外地，成为独当一面的分公司经理。他告别了熟悉的环境和温暖的家，踏上了远行的列车，来到了完全陌生的城市。不仅如此，在工作上，他也必须忘记往日的成绩，从零开始。由于这里的社会习俗和市场环境与以往不同，所以过去的销售策略和经营方案必须做较大的调整。再加上作为分公司的总负责人，他必须方方面面都考虑周到，所以所承担的责任和背负的压力远远超过常人。这些巨大的压力对于刚刚进入职场一年的年轻人来说，无疑是难以承受的。然而，他也知道这是考验自己的关键时刻，如果自己承受住了一切，就会超越自己，迎来更广阔的天地；如果自己被眼前的困难打倒了，那么将再也无法跨越这道坎儿。

最后，他忍耐了下来。通过一系列的深入调研，他对当地的风土人情和生活习惯了如指掌，并根据实际情况整合市场资源、制订营销计划。结果，该公司的产品一经推出就大受欢迎，打响了公司开拓外地市场的第一炮。而这位眼光独特的年轻人也获得了巨大的成功，当其他同学还是普普通通的小职员时，他已经是掌管整个分公司业务的经理了。

这位年轻人所走的人生之路是孤独寂寞的，当别人想拼命挤进著名的大公司时，他选择了一家名不见经传的小公司；当其他年轻人享受着舒适的生活、四处玩乐时，他选择了努力提升自己；当其他人只着眼于手中的工作时，他却踏上了远去的列车，承担了独自开拓新市场的巨大压力。正是因为他忍受住了一路的寂寞，走上了孤独的道路，才收获了他人难以企及的成功。

自古以来，每个人都想实现自己的梦想，但是最终能取得成功的人，往往是那些耐得住寂寞、经得住诱惑的人。当然，在我们追逐梦想的过程中，不可避免地会遇到这样那样的困难，它们就像是阻碍我们前进的高墙，让我们无法再向前走下去。这时，有些人会选择半路返回，有些人会拼尽全力推翻这面墙，还有些人会选择绕道而行。我们选择了不同的应对措施，当然也会得到不同的结果。所以，有些人成功了，有些人失败了，还有些人在原地停滞不前。

追梦的人，注定是孤独与痛苦的旅行者。而我们一旦决定要走上人生的顶峰，就注定要开始忍受孤独。但是只要我们坚定自己的梦想，迈出坚实的步伐，就能成为生活中的强者。

不知道前进的方向，怎么到达目的地

西方有一句名言："世界就像狂暴的海洋，我们必须带上指南针前行。"在海洋中航行如果没有指南针指引前进的方向，我们将迷失在茫茫的大海之中，永远也无法驶向彼岸。在我们的人生中也需要指引前进方向的"指南针"，这"指南针"就是人生的目标。如果没有清晰长远的人生目标，我们就难以获得成功的人生和辉煌的成就。

在生活中，我们随处可以看到这样一些人，他们没有固定的方向，只是毫无目的地随波逐流，更不知道自己去向何方。他们不知道自己的目标是什么，只是跟随拥挤的人群被动地前进。当我们问他"你的目的地是哪里"时，他的回答竟是"我真不知道去哪里"；当我们问他"你打算去做什么"时，他的回答竟是"我也不知道想做什么"。他们只是漫无目的地等待机会，希望能够找到改变生活的机会，却从来不懂得制定清晰明确的人生目标。

在人生的海洋之中，如果没有清晰的目标，取得成功的可能性是非常渺茫的。我们身边的很多人没有取得成功，并不是因为他们缺乏信心、能力和智力，只是因为没有确定的目标，不知道自己前进的方向，所以只能庸庸碌碌地生活。正如一位百步穿杨的神箭手，如果漫无目标地乱射而不是紧盯着远方的箭靶，怎么能百发百中？

美国哈佛大学曾经做过一个调查，调查的对象是刚刚走出哈佛大学、走向社会的精英分子。他们无论在智力、学历还是环境条件上都相差无几，所以此项调查是一个相对公正、公平的调查。研究人员对他们进行了一次关于人生目标的调查，结果发现，这些人中有60%的人没有明确的人生目标，甚至有27%的人根本没有任何目标；同时，仅有10%的人有清晰但比较短期的目标，而定有清晰且长远人生目标的人仅仅占总人数的3%。

25年后，研究人员对当年接受调查的学生进行了回访，结果发现：那些拥有清晰且长远目标的人，一直朝着自己的目标不懈努力，几乎都获得了事业的成功，其中不乏行业领袖、社会精英。那些拥有短期且清晰目标的人，也纷纷实现了自己的目标，成为各个领域的专业人士。而那些人生目标模糊的人，虽然过着安稳的生活，拥有稳定的工作，却没有突出的成就。至于那些没有任何目标的人，事业和人生都很不如意，每天都过着抱怨他人、抱怨社会的生活。

这些人拥有相同的教育经历和环境条件，具有相等的智力，但是人生成就却不尽相同。那是因为有些人清楚地知道自己的人生目标，知道自己前进的方向，而另一些人则目标模糊甚至根本没有人生目标。

试问，我们怎么能奢望没有任何方向的人达到某个目的地？

我们怎么能奢望没有目的的人完成某项事业？所以说，无论我们做什么事情都要有明确的目标，都要知道自己前进的方向，否则将会在人生的道路上迷失自己。

有一位年过三十的女人，她的名字叫弗罗伦丝·查德威克，她决定独自游过卡塔林纳岛与加州海岸之间的海峡。她的这个决定震惊了所有人，在她发起挑战的那一天，岸上聚集了很多围观的人。当天早上，海上弥漫着浓雾，能见度仅有百米，她跳入了冰冷的海水中，奋力地向对岸游去。15个小时之后，她又累又冷，感觉自己已经筋疲力尽，便产生了放弃的念头。尽管母亲和教练无数次告诉她，海岸就在不远处，然而她望着茫茫的海面，除了浓厚的迷雾什么也看不到。几十分钟之后，她彻底放弃了，后来她才知道自己距离海岸只有半英里。

海上的浓雾遮住了弗罗伦丝·查德威克的眼睛，使她无法看清海岸，所以她放弃了，在距离目的地只有半英里的地方。人生不能没有明确的方向，更不能没有清晰的目标，否则将无法前往想要到达的地方。

一位从事人力资源工作的朋友曾感慨地说："经过多年的工作，我接触了很多求职的年轻人。他们并不清楚自己真正想要的是什么，更不知道自己要走向何方。而且，这些年轻人根本不知道哪些东西需要自己坚持，哪些东西需要自己放弃，他们甚至不知道自己喜欢什么、讨厌什么。"

相信很多人都遇到过这样的苦恼，不仅仅是刚刚进入职场的年轻人，即便是一些在职场打拼多年的人，也难免不知道自己的目标是什么，不知道该向哪个方向努力。这样的人不仅无法获得事业的成功，更容易在现实生活中迷失自己。

我们不仅要清楚自己所处的位置，更应该清楚自己下一步前进的方向。当我们踏入这个社会之时，不妨问一下自己：我想要的是什么？我要达到什么目的？我究竟要到达什么地方……找到了这些问题的答案，我们才能走出当前的困境，走向美好的未来。

第四章　勇敢地做一次自己，精彩地活一次

人生的道路上，只有自己真正地走过，才算是无憾无悔的人生。不管前方的道路如何，勇敢地做真正的自己，轰轰烈烈地活一次，才能活出自己的精彩。想要做一个不输给别人的胜者，就必须先做一个不输给自己的强者。

改变，什么时候都不算晚

18 岁时，我们或许选择了不适合自己的专业，但是为了获得毕业证，为了找到好工作，我们不得不坚持下去。

毕业后，我们根据自己的专业找到了一份不错的工作，并且在该行业一做就是几年。随着时间的流逝，这份工作给我们带来了丰裕的生活和小小的成就，但是我们也发现自己并没有爱上这个行业，身心都觉得疲惫不堪。虽然我们心中产生过转行的念头，却不舍得放弃自己所取得的成就。

有时，我们会得到重新选择的机会，一个可以从事自己喜欢的事情的机会。这时我们已经 30 多岁，一边是体面又轻松的工作，一边是自己感兴趣的事情，我们陷入了两难的境地，不断地思考自己该何去何从。

对此，或许有些人说："我们都是 30 多岁的人了，早就过了头脑发热的时候，还瞎折腾什么呢？"或许有些人说："当年年轻时都没有改变自己，现在才改变是不是太晚了？"可是，细想一下，如果错过了这次改变的机会，我们恐怕就再也没有机会了，恐怕会给自己的人生留下无限的遗憾。

生活中，我们惧怕改变是因为害怕失败，惧怕以往的努力和成就都付之东流。改变就意味着未知，就意味着危险，我们已经习惯了以往的生活方式，改变自己就意味着使我们原本稳定舒适的生活面临巨大的挑战。但是，如果我们没有改变自己、改变现状的勇气和决心，那么我们将永远被困在原地，永远也无法做自己喜欢的事情。

所以，我们的命运应该掌握在自己手中，真想改变自己，什么时候都不算晚。我们应该不断充实自己、不断提升自己，坚持照着自己的目标踏踏实实地走下去，总有一天，我们会收获比预期更多的成就。在人生的道路上，好的改变，什么时候都不算晚。即便到了50岁、60岁，我们又有了新的梦想，又找到了突破自己的道路，我们也应该义无反顾地去改变。

韩颖加入惠普公司的时候已经34岁，这样的年纪对于一个人来说是应该追求事业稳定和生活安宁的时期，尤其是对于一个女人来说更是如此。当时是80年代末，所有人都想进入国企，都想端着国家的“铁饭碗”，但是，韩颖却离开了工作9年的海洋石油总公司，放弃了人们羡慕的“铁饭碗”。面对人们的异议和不解，韩颖只简单地说了一句话：“人生什么时候改变都不会晚。”

韩颖一进入惠普公司，便实行了一个大举措。当时，所有人的工资都是现金结算，每次发放工资都必须由两个人手工完成。数百人的工资，厚厚一叠钞票，既浪费时间，又容易出错。于是，韩颖想到一个好办法，就是为公司所有员工开办银行账户，将每月工资总数存入银行，然后员工可以凭借银行存折领取工资。

然而，事情并不如韩颖所预料得那样顺利。当发工资的日子到来时，员工对于这种发放工资的方式并不满意，领导也对她擅自行事很不满，甚至她还遭到了直属领导的严厉批评。

韩颖感到十分委屈，她不禁想：难道我做错了吗？

正当此时，公司高层的外方领导会见了韩颖，赞赏地对她说：“你改写了公司5年手发工资的历史，这种创新的勇气和精神实在值得嘉奖！”那一年，韩颖被评为惠普公司“年度优秀职员”，在表彰大会上，她意气风发地说：“好的设想常常被扼杀在摇篮中，但是这不是你平庸的原因。永远不要害怕改变，因为它充满了机会，它可以让你变得更加成熟，让你更了解自己的潜力。”

韩颖一直都在寻求突破，一直都在努力改变自己，想让自己的人生绽放出更绚烂的光彩。而她的确做到了。她15岁下乡，24岁因招工回到天津，在天津渤海石油公司运输大队担任汽车修理工。然而，她不甘于做一名普通的修理工，虽然每天都累得筋疲力尽，但是她仍坚持学习会计学。凭借刻苦的努力，她被调入中国海洋石油总公司担任会计。

你是不是以为韩颖从此会安心工作，寻求稳定舒适的生活？不，你错了。在她27岁的时候，她进入了厦门大学学习会计学，并且在3年的学习期间还编译了一本140万字的英汉、汉英双解会计词典。她34岁进入惠普公司，开创了公司用银行存折发放工资的历史。38岁出任惠普中国区财务经理，41岁出任中国区首席财务官和业务发展总监。后来，她还被英国著名的杂志《ASIACFO》评为“亚洲CFO融资最佳成就奖”，成为中国荣获此奖的第一人。

勇于改变自己，我们才能获得更广阔的发展空间；不断改变自己，我们才能彻底改变自己的人生。

前进的道路上，不断为自己加油

英国著名心理学家哈德飞曾经给两组志愿者做过不同的催眠实验。在对第一组人的催眠过程中，他不断地对他们说："现在你的身体十分虚弱，你已经变成婴儿，你的手指像小鸟的爪子一样瘦弱……"这时，工作人员给这些人一个握力器，他们的平均握力只有29磅。

后来，哈德飞又对另一组人进行了催眠，他让工作人员给他们每人一种饮料，并且说道："你们所喝的是泰森服用的营养液，你们已像泰森一样强壮，而且会越来越强壮……"同时，工作人员发给这些人一个握力器，结果他们的平均握力竟高达142磅。事实上，这两组人在清醒的状态下，平均握力都是101磅。

由此可见，心理暗示具有强大的力量，只是这些力量可能是正面的，也可能是负面的。也就是说，当我们遇到难题的时候，如果我们给自己正面的心理暗示，不断给自己加油，那么难题极可能会迎刃而解；相反，如果我们不断地对自己说"我不行""我做不到"，那么最后的结果只能是失败。

人生之路应该是一条积极向上的路，尽管不可避免地要经受挫折、遭遇磨难，我们也应该坚持不懈地走下去。当我们一身伤痕地摔倒在前进的道路上时，能够解救我们走出困境的只有我们自己。只要我们不断地激励自己、不断为自己的心灵加油，我们的内心就会油然而生一种崭新而强大的力量。这种强大的力量能够支撑着我们战胜所有的困难和挫折，能够支撑着我们在人生的道路上不断前行，直到到达人生的顶峰。

很长时间没有看过韩剧了，最近在家中休息的时候，碰巧看到电视上正在播放韩剧《加油！金顺》，于是便又看了一遍。虽然是为了打发时间，但还是被主人公金顺乐观、积极向上的精神所感动。一次不幸的经历让金顺失去了丈夫，而生活的艰辛和人们的偏见也使金顺遭遇了难以想象的困难。但是，无论遭遇多大的困难和挫折，她都微笑着面对，从来没有任何抱怨，她总是不断地为自己加油，让自己鼓起生活的勇气。最终，善良乐观的金顺再次获得了美好的爱情和成功的事业。

我们的生活节奏越来越快，人情也越来越冷漠，我们所承受的生活和工作的压力，有时甚至让我们喘不过气来。可是，越是这样我们就越要付出比常人更多的努力，只有保持一颗积极进取的心，不断地鼓励自己，才能承受住巨大的压力，获得更加精彩的生活。

一位年轻人刚刚走进社会，成为一个推销领带的推销员。当他打算从事这份工作之时，他便给自己定下了一个目标：每天卖50条领带。因为这样他才可以拿到更多的提成，才能维持一家人的生活。

他每天都早出晚归，向客户推销自己的产品。每次推销的时候，他都虔诚地敲开客户的店门，然后热情地讲述产品的特点和优势。然而，一个月过去了，他只卖出去5条领带。这样一来，全家人的生活更加艰难了，甚至到了挨饿的境地。家人纷纷劝导他，你的价格是不是定得太高了；多向别人学习销售经验，时间长了就好了；你不要将目标定得太高，卖不了50条就卖10条、20条。虽然他表面应承着家人，但是心中的信念却十分坚定，他不断对自己说："我一定能做到！我不会放弃！"

一天，他来到商业街上的一家服装店，或许是他太想将领带卖出去了，以至于一见到老板便滔滔不绝地推销起来。结果，他还没有说完，就被老板赶了出去。他不知所措地站在马路上，不知道自己哪里做错了，所以心中充满了失落和茫然。过了好长时间，他才使自己的心情冷静下来，他安慰自己说："虽然老板生气地将我赶了出来，但是却没有拒绝我。既然这样，或许我还有成功的机会。"于是，他重新振作起来，决定第二天再次拜访这位老板。

次日，当他走进这家服装店的时候，老板见来人是他，脸色立即阴沉下来，不过并没有赶他走。他知道这是一个好的开始，于是礼貌地从包中拿出一杯热咖啡，恭敬地递给老板："不好意思，又来打扰您。"

老板见他如此恭敬也不好发作，便问道："你这是什么意思？"

他真诚地说："我只是想知道您昨天为什么将我赶出门？"

老板一下愣住了，随后笑着说："既然你如此真诚，我就告诉你吧！昨天你来时，我正在与客户谈生意，你的鲁莽差点儿影响了我们的生意。"

他立即说道："昨天是我鲁莽了，请您原谅。不知道您现在有没有时间，我可以向您介绍我的领带吗？”

结果，他成功了，老板买下了他带去的50条领带，并且成为长久客户。他准备离开时，老板问道：“我昨天把你赶了出去，你今天怎么还敢回来？”

他回答道：“因为我要卖出自己的领带，这对我来说是最重要的。”

正是因为他不惧怕一切困难，不断给自己加油，生意也越来越好，并且成立了自己的公司。他便是香港金利来集团公司的创始人曾宪梓先生。

我们每个人心中都拥有一种强大的力量，就像是一粒即将勃发的种子，我们只有给予它正面的暗示，不断给它加油，才能激发出无限的潜力。所以，当我们遇到难题的时候，不妨给自己的心灵加加油，坚定内心的信念，那么我们的人生就会萌发新的生机。

走别人不敢走的路

犹太人的经典著作《塔木德》中有这样一句话：“只有在别人不敢去的地方，才能找到最美的钻石。”我们总是习惯于走熟悉的道路，总是按照传统的思维方式来思考问题，因为这样才不会出现差错，才不会遇到危险。所以，很多时候我们总是选择走那些宽阔平坦的大路，而不敢走那些偏僻险要的小路，却全然忘记了“无限风光在险峰”的道理。但是，如果我们不闯过险要的涧道、不翻越陡峭的崖壁，又如何能欣赏到无限美丽的风光？

在生活中，我们做出决定之前总是会考虑很多事情：这件事情没有人做过，我会不会失败？如果我失败了，别人会不会嘲笑我？如果等到别人做过了，我再借鉴别人的成功经验，会不会更容易成功？于是，当我们思考这些问题的时候，成功的机会已悄悄地从我们身边溜走了，我们也注定了要在平凡和庸碌之中度过一生。

认识一位事业有成的女强人，她曾经是广告界小有名气的公关策划人。然而，正当人们羡慕她所取得的成就时，她做出了令人惊讶的决定：放弃所有的成绩和荣耀，转而投身礼品行业之中。当时，礼品行业刚刚兴起，还没有太出色的礼品公司，只是一些负责买卖产品的小公司。她决定建立一家可以独自设计产品、为客户提供专业服务的礼品公司。很多人不理解她的行为，因为没有人会放弃自己擅长并取得了成就的事业，投身于从来没有做过且前景不明的行业。但是，她没有放弃自己的目标，通过过去的良好人脉，她找到了愿意与自己合作的公司，即为该公司五周年庆典提供礼品和员工奖品。随后，她亲自设计产品，并经过多日的努力终于设计出自己满意的产品。之后，她开始四处寻找产品制造厂家，为了保证产品的质量，她亲自在工厂监督。结果，她所提供的礼品受到了该公司的喜爱和欢迎。经过几年的努力，她所创立的公司得到了迅速的发展，成为一家集礼品设计、制造、销售于一体的大型礼品公司，而合作伙伴包括很多大中型企业。

很多人不愿意放弃已经取得的成绩，也不愿意做那些前景不明的事情。其实，这也没什么大错。但是，如果我们想要获得更大的成功，就必须有敢于冒险的精神。因为不敢走别人不敢走的道路，总是前怕狼后怕虎，会使我们的生活失去挑战的乐趣和成功的惊喜。

成功的机会总是青睐那些敢于做别人不敢做的事情的人，这些人不会按部就班地模仿别人的成功经验，也不会跟在别人的屁股后面畏首畏尾，他们敢于尝试新事物，所以他们总是能获得更多的机会。

美国石油大王洛克菲勒说："如果你想成功，你应该朝新的道路前进，不要去走被踩烂了的成功之路。"如果我们总是重复走别人所走的路，模仿别人的成功模式，是不会取得成功的，即便获得了成功也不会有辉煌的成就。

犹太人韦尔是一名出色的商人，经过20年的努力，他所创立的西尔森公司成为美国著名的企业之一。然而，当西尔森公司业绩最辉煌的时候，韦尔做出了一件令人惊讶的事情。他将自己辛苦经营20年的公司卖给了美国捷运公司。很多人认为韦尔做了一个疯狂的决定，因为韦尔进入美国捷运公司之初并不受重用，甚至受到了排挤。

然而，韦尔却有自己独特的看法，美国捷运公司是当时财力雄厚的大集团，主要经营赊账卡、旅游支票等业务，每年的销售额高达80亿美元。显然，与美国捷运公司相比，韦尔的西尔森公司的实力确实小得多，所以他的加入可以为自己迎来很大的发展契机。

后来，人们便开始佩服韦尔的卓越眼光和超凡智慧，因为最后韦尔拥有了公司很大比例的股份，每年可得到190万美元的收入，职位仅仅低于董事长和总裁，甚至成为华尔街上的商业新星。

韦尔放弃了自己经营20年的公司，选择了“寄人篱下”的生活。这对普通人来说或许是难以想象的事情，但正是因为韦尔敢于做别人不敢做的事情，做别人认为不可思议的事情，所以才获得了巨大的成功。

成功的人总是能想出一些不寻常的方法，他们从来不墨守成规，也不畏惧失败，只要是自己认为对的事情便大胆地尝试，正是因为如此，他们才获得了不寻常的成就。

而生活中的我们，总是惧怕失败、惧怕别人非议，所以无论做什么事情都会按部就班，从来不敢做出冒险的行为。固然，这样一来，我们的生活中没有任何挫折，也不会有什么风险，但是这也注定了我们不会获得更大的成功，我们的人生中也不可能有太多的奇迹。我们应该知道在什么时候做什么事情，不要惧怕前方的危险，不要在意别人的眼光，这样才能获得与众不同的成功。

做自己想做并喜欢做的事情

一个人怎样才能获得成功，怎样才能获得幸福的生活？相信很多人会给出同一个答案：做自己想做并喜欢做的事情。

这句话说起来很容易，做起来却很难。对于刚刚走入社会的年轻人来说，他们需要填饱自己的肚子，需要交房租；对于已成家的人来说，他们需要养家糊口，需要拼命工作才能保证家庭的稳定和孩子的成长；即便是事业有成的人，他们也需要在商场中拼杀，需要与竞争对手“钩心斗角”……

所以，面对生活的压力，我们不得不违背自己的内心，做自己并不感兴趣的事情，以至于让自己充满烦恼，身心疲惫不已。或许，有些时候，我们为了追求所谓的成功，不得不放弃自己喜欢的事情，转而投入另一件自己并不喜欢的事情之中。可是，当我们获得成功之后，才发现这样的生活并不是我们真正想要的，曾经去追逐梦想的日子成了人生最美好的回忆，也成了心中最难割舍的痛。

听过这样一个故事：两个老朋友在公园散步，一个是州长，一个是亿万富翁。然而，他们却向对方抱怨自己的生活，州长对亿万富翁说：“我最近因为政务繁忙而心烦意乱，每天都失眠，如果当初我坚持作家的理想，该多好啊！”而亿万富翁则苦恼地说：“我最近也不轻松，虽然我拥有了财富却失去了自由，我真的很怀念当年坐在海边看日落的日子。”这时，他们看到哲学家罗尔带着孙女在草地上放风筝，他们不时地发出欢快的笑声。两人十分羡慕这样的生活，便情不自禁地说道：“你们为什么这么快乐？幸福应该如何获得？”罗尔看着他们说：“做你喜欢的事情。”

做自己喜欢的事情，这是多么简单的道理啊！然而，做起来似乎并不这么简单。

朋友在20几岁的时候，梦想成为设计师，于是他努力地充实自己，广泛地收集有关的资料。为了多买几本时尚杂志和设计方面的书，他决定卖掉自己喜欢的一架唱片机和唱片，于是找到了对这些感兴趣的朋友，分别写信给他们，详细介绍了唱片机和唱片。其中一位朋友对这些十分感兴趣，于是立刻给他回信，并且在信中赞美了他文笔流畅。同时，那位朋友在信中建议："你的信就像是一封出色的销售信函，如果从事广告撰写的工作，一定会做得十分出色。"

这些话在朋友的心中激起一片涟漪，他觉得做一个广告人也是不错的选择。因为他从小就喜欢写作，况且广告界与设计、时尚有着千丝万缕的联系。于是，他立志要在广告界一展身手，成为一名出色的广告人。事实证明，他的选择是正确的，此时他已经获得了成功。

做自己想做并喜欢做的事情，是我们通向成功的阶梯和内在动力，也是我们获得幸福生活的源泉。我们或许贫穷或许富有，或许平凡或许伟大，或许失败或许成功，然而这些都不是幸福生活的源泉。只有找准自己的位置，做自己所喜欢的事情，全身心地投入，我们才会体会生活的乐趣，也才会获得幸福快乐的生活。

有一个男孩从小就对面包产生了浓厚的兴趣，闻着面包散发的香气，他觉得这就是幸福的味道。果然，他如愿以偿地成为一位面包师。在他的理念中，做面包不仅仅是一份工作，更是一种创作和享受。每次做面包时，他都会使用绝对精良的面粉、黄油，一尘不染、闪光晶亮的器皿，当然，还要播放着轻快的音乐。他觉得如果没有这些，他就没有创作的灵感，更做不出自己想要的面包。在他眼中，面包已经成为珍贵的艺术品，哪怕一勺不新鲜的黄油，都是对艺术的亵渎，这是他绝对不能容忍的事情。

面包师没有刻意去追求成功和幸福，然而他却成为城市中最出色的面包师，享受了人生中最大的乐趣。兴趣是我们获取成功的动力，也是我们成就自己的力量源泉。所以，当我们专心致志地做自己喜欢的事情时，一份意外的收获就会来到我们身边。那是因为如果我们做自己喜欢做的事情，可以发挥 80% 以上的潜力；而当我们做不感兴趣的事情时，只能发挥 20% 的潜力。如果我们为了赚钱或是“成功”而从事自己没有兴趣的职业，也许我们会获得成功，却不会有发自内心的喜悦。反之，如果我们做自己最擅长、最感兴趣的工作，我们不仅会得到成功，更会赢得灿烂美丽的人生。

人生苦短，我们想要在短暂的人生中活得更有意义，就必须忘却世俗的偏见，踏踏实实地去做自己喜欢的事情。即便我们为了生存而不得不从事自己不喜欢的工作，要尽力让自己爱上自己的工作，这样我们在工作时才能充满激情，才能做出出色的成绩。如果我们每天所做的都是自己讨厌的事情，激不起任何兴趣，那么工作就会成为一种煎熬，生活就会成为一种苦难。这样，我们如何能取得优秀的成绩，如何获得幸福的生活？

跟随自己的心，做自己喜欢的事情，我们才会改变自己的现状；按照自己的心意而行，我们的身心才会彻底地放松，也才能体会到生活的丰富多彩和快乐充实。

人生本已很难，何苦还要为难自己

生活中有很多这样的人，他们总是希望得到别人的赞美，总是想让所有人对自己满意。于是他们便苛求自己，每做一件事情都想迎合所有人，每做一件事情都犹犹豫豫、瞻前顾后，最终不仅将自己搞得狼狈不堪，甚至还失去了自我。其实，我们不可能做到完美，也不可能令所有人都满意，太苛求自己，会让我们的人生背负太多的负累，最终只能累了自己。

一个大学同学是个苛求自己的人，无论做什么事情都力求完美，无论做什么事情都征求别人的意见，唯恐自己会让人产生不满。久而久之，他变得越来越苛刻，不仅对自己苛刻，对周围的朋友也同样苛刻。他还变得越来越敏感，总在思考别人是否对自己有看法，总是觉得别人对自己不满。但凡我有一段时间没有和他联系，他就会猜测自己是否得罪了我，我是否在哪方面不满意。结果，我开始逐渐远离他，因为与他相处的每一刻都感到压抑。而且，大部分朋友都不敢与他接触，渐渐都离他远去。

工作中他也是如此。领导表扬他时，他会表现得异常高兴，觉得自己终于得到了肯定。然而，当领导批评他时，他就会陷入自责和猜疑之中，思索自己是否冒犯了领导，领导是否对自己有意见，以至于在工作中战战兢兢，不敢接受领导布置的任务，对自己没有任何信心。最后，领导忍无可忍，只能将他辞掉。此时，他陷入了痛苦之中，但是始终不明白自己究竟做错了什么，究竟错在哪里。

我们都希望得到别人的赞美和赞同，但是也应该知道，世界上没有完美的事物，也没有尽善尽美的人。我们不可能令所有人对都自己满意，无论做什么事情，我们只能让一部分人满意，而必然会引起另一部分人的不满。既然如此，我们又何必苛求自己，为了博得他人的赞美而委屈自己呢？既然如此，我们又何必抱怨惆怅，为了别人的不满而痛苦不已呢？

世界很大，我们却十分渺小。我们每天都要因为工作而忙碌，因为金钱而奔波，因为孩子而操劳。生活的艰辛与忙碌已经让我们疲惫不堪，所以根本没有必要把一些事情看得那么重要，否则只能让自己的心更累而已。不要总是和自己过不去，不要过于计较别人的评价。每个人都有自己的活法，每个人都有自己的优势，笑着面对生活中的一切，想得开、看得开才不会负累太多。

一位画家想要画出一幅所有人都喜欢的作品，经过几个月的努力，终于完成了令自己满意的作品。于是，他将作品拿到展会出售，并且说道："亲爱的朋友们，如果你们认为这幅作品哪里有欠佳的地方，请大胆指出来，还可以在画上标出记号。"

结果，他发现整个画面被涂满了记号，没有一个地方不被指责。画家感到十分失望，难道自己的作品如此差吗？他很不甘心，下决心一定要画出让人们满意的作品，但是苦思冥想很长时间，也无从下手。一位朋友得知此事后，对他说："你认为那幅画是自己最满意的吗？"画家肯定地回答说："原本我是这么认为的，现在却不敢确定。"朋友笑着说："你不妨再画一幅同样的作品到展会展出，不过这次你应该改变一下方式，请大家标记出自己满意的地方。"于是，画家按照朋友的建议要求每位观赏者将最欣赏的地方标上记号。出人意料的是，这次却得到了截然相反的结果：当初所有被指责的地方却成为最出色的地方。

画家感慨地说："我现在终于明白了，无论我们做什么事情，都不可能令所有人满意。因为每个人的审美标准不同，在有些人看来丑的东西，在另一些人眼中却恰恰是美好的。"

我们必须认识到自己的不完美，即便是全世界最出色的足球运动员，传球时也会有4成的失误；即便是最出色的篮球明星，投篮的命中率也只有5成。既然连最出色的人做自己最擅长的事情都不能完美，我们又何必苛求自己呢？每个人都有自己的判断和想法，会根据自己的想法来看待事物，所以不要试图让所有人都对你满意，否则你永远也得不到快乐。

人生不会事事如意，有过错、有遗憾，也有快乐和美好。人生不可能完美，我们自己也是如此。既然如此，只要我们尽心做好自己的事情，做到问心无愧便可以了，又何必在意别人呢？不要为难自己，生活已就很难，何苦还要为难自己？

不必羡慕别人美丽的花园

生活中，我们总是羡慕别人。别人有的东西，我们没有，我们就会羡慕；别人有的东西，我们也有，我们也会羡慕，因为我们总是觉得只有别人所拥有的东西才是最好的。

我经常听到朋友这样抱怨："你的生活真好。不像我，每天都那么辛苦，有做不完的家务，还要照顾淘气的孩子……"

我也经常听到朋友这样抱怨："你的工作真好。不像我，老板苛刻暴躁，工资还不高……"

我还经常听到朋友这样抱怨："某某家的孩子真聪明。年年考试都得第一，前些天还在市里的钢琴比赛中获得了大奖。我家的孩子就知道淘气……"

我们总是羡慕别人所拥有的东西，羡慕别人的生活快乐，羡慕别人的孩子比自己孩子聪明，羡慕别人的老公事业有成，羡慕别人的女朋友年轻漂亮，羡慕别人的工作，羡慕别人的房子，羡慕……

于是，在羡慕别人、抱怨自己的过程中，我们失去了生活的信心，失去了生活的快乐，甚至陷入了自怨自艾、自暴自弃的恶性循环之中。我们应该看到别人的优点和成功，因为只有见贤思齐，才能促使自己不断进步，才能促使自己获得更多的成绩。然而，我们不能忽视这样一点，每个人的处境不同，每个人的能力也不同，我们可以学习别人的长处来弥补自己的短处，却不能一味地仰望别人的幸福，抱怨自己的不幸。

蔷薇和鸡冠花生长在同一个花园中。鸡冠花看到爬满藩篱的蔷薇开出了娇艳的花朵，羡慕地说道：“你是世界上最美丽的花朵，人们都喜欢你。我真羡慕你有美丽的花朵和芬芳的香味。”而蔷薇却说道：“鸡冠花啊！虽然我拥有美丽的花朵和芬芳的香气，却是昙花一现。即使人们不去采摘，也会很快凋零。而你却能长久开着花，青春常在。”

事物各有所长，也各有所短。我们不能用自己的短处与别人的长处比较，我们也不能羡慕别人有而自己没有的东西，因为要知道，我们也拥有别人所羡慕的东西。

幸福靠自己来争取，生活靠自己来过，我们不必羡慕别人，也不必妄自菲薄，只要热爱生活，用适合自己的方式来生活，那么我们就可以获得自己的幸福。我们不必羡慕别人美丽的花园，因为我们也有属于自己的一方土地，只要我们用心耕耘、不懈努力，那么我们的花园也有繁花似锦、满天飘香的一天。

曾经听过一个感人的故事，故事的主人公是一个自小就患脑性麻痹的病人，然而她却用手中的画笔，描绘出了生命中最绚烂的色彩。

她的名字叫作黄美廉，脑性麻痹使她丧失了平衡力，也使她失去了说话的能力。由于身体的缺陷，她一直活在别人异样的眼光之中，这其中包含了同情、惊讶，当然还有嘲笑和轻视。然而，病痛和外界的歧视并没有击败她，反而更激发了她顽强的毅力和奋斗的精神。她虽然不能说话、不能保持身体的平衡，但是她的双手可以活动，她还具有绘画天赋。所以，她凭借自己的艰苦努力，获得了加州大学艺术博士学位。

一次，黄美廉来到一所学校，为全校学生上了一堂震撼人心的演讲课。当时，她站在讲台上——只能倾斜地站着，甚至得拼命用手扶着讲台才能维持身体的平衡。她不时地挥动自己的双手，仰着头，脖子伸得很长。同学们看到她奇特的样子，好像被吓到了，都不敢说话。最后，一个学生怯生生地问道："黄博士，你从小就长成这样，那么你怎么看你自己？有抱怨过吗？"

这下，现场更安静了，所有人都捏了一把汗，觉得学生的问题太刺人了，会令黄美廉难堪。然而，黄美廉却摇摇晃晃地走到黑板前，用粉笔重重地写道：我怎么看自己？随后，她回头看了看发问的学生，然后微笑一下，转身在黑板上写道：

第一，我很可爱。

第二，我的腿长得很美。

第三，爸爸妈妈很爱我。

第四，上帝很爱我。

第五，我很会画画，我还会写作。

第六，我有一只可爱的猫。

……

最后，她坚定地写道：我只看我所拥有的，不看我所没有的。

她写完之后转过身来，微笑地看着现场的学生。而现场顿时爆发出热烈的掌声。

是啊，只看自己所有的，不看自己没有的。这是多么简单的话语，却蕴含了深刻的含义。命运给我们带来了欢乐和机遇，也给我们带来了缺憾和苦难。当我们遭遇不幸时，不妨多看看自己幸运的一方面，想想自己所拥有的一切，用豁达的心态对待生活，那么我们的生活就会多些欢乐与阳光。

改变不了别人，就改变自己

英国剧作家萧伯纳曾说过："当问题发生时，人们往往归咎于环境。事实上，一个人应该努力适应四周的环境，如果无法适应，便要自己去创造环境。"

如果别人不喜欢我们，说明我们还存在缺陷；如果别人不认同我们，说明我们还没有做到最好；如果我们还没有获得成功，说明我们还没有找到获得成功的办法。所以，想要改变世界、改变别人，首先要改变自己，因为只有改变了自己才能赢得属于自己的天地。

有时候，我们总是想要凭借自己的意愿去改变世界和别人，总是认为别人的做事方式不符合自己的要求。但是，让所有的人和物都适应我们的要求，是不可能的事情，也是一个自私的想法。其实，有时候，适当地调节自己，让自己适应周围的环境才是明智的选择。况且，很多时候，我们并没有足够的力量去改变世界，别人也不会因为我们而改变自己。这时候，改变自己就是最好的选择。

一位高僧带领几位弟子参禅，其中一个弟子说道：“师父，我们听说您会很多法术，您就让我们长长见识吧！”高僧说道：“好吧。今天我就让你们见识一下移山大法。我将把对面的大山移过来。”说完，高僧便开始打坐，可是过了很长时间，高山仍没有任何变化。弟子们沉不住气了，不禁问道：“师父，对面的高山怎么没有过来？”高僧笑着说：“既然山不过来，那么我们就过去吧。”说完，高僧就带领弟子们向对面的高山走去。

初次看到这个故事，我们一定觉得高僧的做法荒谬之极，世界上怎么可能有“移山大法”，高山怎么可能移动过来，难道高僧是为了忽悠弟子们吗？可是，仔细品味之后，我们才体会到其蕴意深奥。高山当然不能向我们走来，既然如此，为什么我们不主动向它走去呢？

生活中的很多事情，就如同无法移动的大山一样，是我们无法改变的，既然如此，我们为什么不主动改变自己？或许，我们会得到意想不到的结果。

毕加索是一个感性的人，个人的情绪经常受到外界事物的影响，所以他的绘画生涯经历了多次转变。毕加索 20 岁的时候，他的朋友卡萨吉玛斯因失恋而自杀，这件事对他的打击非常大，心中充满着悲痛和忧郁，所以他所创作的作品也进入了蓝色调创作期。三年后，他邂逅了美丽的少女奥立维，两人坠入了甜蜜的爱河，而爱情的甜蜜使毕加索心情开朗起来，生活也充满了阳光，所以他所创作的作品也出现了亮丽、鲜艳的色彩。

后来，毕加索的创作风格又经历了几次转变，直到1912年，他与奥立维分手，生活就此陷入了低谷。后来，他的几位老师、两位朋友先后因为战争或是疾病而离开人世，这让毕加索陷入了巨大的悲痛之中，心情跌入忧伤的低谷，难以找到创作的灵感，创作由此进入了瓶颈期。

一位朋友得知毕加索的情形后，给他写了一封信：艺术家比普通人更容易受到感情的影响，所以大部分艺术家都是喜怒无常的人。然而，毕加索并没有在意朋友的话，也没有意识到外界因素对于艺术创作的影响。

有一天，他带着新创作的《海边奔跑的两个女人》去见雕塑大师马蒂斯。看完这幅画，马蒂斯郑重地盯着毕加索，然后真诚地说道："一个艺术家不仅需要感性，还需要理性。你的画作过分渲染了个人色彩。很早之前我就说过，艺术需要外张，也需要内敛。这些年，你经历了很多变故，爱人离去、亲友离世，虽然这些事情过去很久了，但是你的情绪还系在他们身上。这些事情都不是你能改变的，唯一可以改变的就是你自己。"

马蒂斯的话对毕加索触动很大，使他深刻反省了以往的生活和创作。从此，毕加索打开了自己的心灵，以一位艺术家的眼光去看待整个社会和人生，使自己的创作融入现实生活又跳出现实的格局。后来，毕加索终于成为20世纪最有影响力的现代派画家，而且由于心态的改变，毕加索不再因外界变化而使自己的心情和心态受到影响。后来，他一直活到93岁，才安然离世。

外界的变化往往会使我们失去平衡，无法控制自己的情绪。

或是因为亲人的离去而悲伤忧郁，或是因为生活环境的恶化而沮丧抱怨，然而，尽管我们悲伤沮丧，事实也不会因此而改变。其实，我们改变不了外界环境，却可以改变自己，改变自己的心态和处世观念，这样一来，世界也许会因我们的改变而变得越来越好。

第五章　选择了远方，就要风雨兼程

人生在世，不要只想着是否能够成功，既然选择了远方，就要风雨兼程。当你锁定自己的目标时，就不要管身后会不会有狂风暴雨，就不要管前方的道路是坎坷还是平坦，义无反顾地前进，坚持不懈地努力，将背影留给过去，你将会赢得整个世界。

一夜成名只是美梦而已

现在流行找捷径、找机会，尤其是那些刚刚走入社会的年轻人，大部分将尽快成功看成是人生最值得追求的目标。于是，有些人攀关系、找路子，想找到向上爬的最佳捷径；有些人频繁跳槽，企求得到更高的职务、更高的待遇；甚至有些人为了尽快成功而选择不正当的手段。他们认为自己找到了快速成功的捷径，殊不知，这样急功近利会让自己走上错误的道路。

很多时候，因为我们想着尽快成功，所以忽略了积累的道理。我们总是梦想着能够一夜成名、一鸣惊人，却不肯去脚踏实地地努力耕耘。直到突然有一天，我们发现原本比自己天资差的人都收获了属于自己的成功，而我们却离自己的目标越来越远。这时，我们才领悟到上天给了我们崇高的理想和过人的天赋，而我们一心只等待收获，却忘了耕耘。一夜成名，只是那些痴心妄想的人的美梦而已。

很多刚刚毕业的年轻人，面对求职中的挫折和拒绝，不仅抱怨连连："诸葛亮刚刚出山就名扬天下，成为蜀国地位仅次于刘备的军师。为什么我刚刚走出大学校门，就被要求有经验、有能力呢？"然而，这些年轻人忘记了诸葛亮少年时就饱读诗书，通晓古今；在隆中耕种的10年间，并没有真正隐居，而是一边刻苦研习诸子百家著作，一边冷静地观察分析天下大势，分析各割据集团之间势力此消彼长、兴衰成败的经验教训。同时，诸葛亮还经常和避乱蜀中的年轻士人讨论时政，谈古论今。所以，诸葛亮未出茅庐便可三分天下，刚刚出山便促成了孙刘联盟，击败了不可一世的曹操。

诸葛亮看似一举成名，可这与他长久的沉淀和积累有着密不可分的关系。所以说，即便是天赋甚高的人，也不能忘记去勤奋地耕耘，否则就会像才华横溢的神童方仲永最后却成为不及常人的平庸之辈一样。那些年轻人只看到了诸葛亮一举成名的荣耀和显赫，却没有看到他此前数十年的艰辛和努力。

一位学习法律的朋友十分热衷戏剧，时常梦想着有朝一日能登上银幕，成为星光闪耀的大明星。可是，他从来没有尝试过进入影视界，我不禁问他："既然你那么想成为明星，为什么不去试试看？"

他不以为然地说："我怎么可以与那些初出茅庐的小孩子竞争呢？现在我已经三十几岁了，即便进入影视界也只能做个小小的配角，这有什么意思呢？我要等最好的机会，等到某个大导演寻找某一部电影的主角，且角色与我的性格、戏路相符合时，只要我一试镜就会被录取，那样才会一鸣惊人。"

可是，生活中真的有这样幸运的人吗？答案当然是否定的。刚刚踏入社会的年轻人，没有谁能够一出场就成为比尔·盖茨般成功的人物；那些影坛上的大明星，没有一开始就当主角，就能成为大明星的。凡是取得成功的人，哪一个不是从小角色做起，哪一个不是从小事做起呢？

汤姆·克鲁斯这位好莱坞的超级巨星，是全世界最闪耀的明星，也是全世界年轻人崇拜的偶像。当年，他一心想要成为演员，却屡屡被拒之门外，因为他“长得不够英俊”。但是他从来没有放弃，而是四处寻找演出的机会，最后他终于得到了演出的机会，却只是一个“路人甲”的小角色。

这个角色仅有几秒镜头，没名没姓，没有台词没有酬劳，还是一个可恶的纵火犯。但是，汤姆·克鲁斯却用这个角色敲开了通往好莱坞的大门。他凭着对演艺事业的热爱，演别人不愿意演的角色，做别人不愿意做的危险事情，最后一步步地成就了自己，而成为“影坛的巨人”。而他所主演的《壮志凌云》《碟中谍》系列也成为最经典、最受欢迎的电影。

在我们的生活中，想一举成名的人并不占少数，他们有着远大的理想抱负，然而却从来不肯从头做起，也不肯努力拼搏，所以他们永远也碰触不到理想的天堂。他们只能在自己的空想中蹉跎岁月，直到年华老去，那些愿望也只能是遥远的愿望。

当我们无法实现自己的理想时总会哀怨感叹，却很少有人思考自己为什么无法达到理想的彼岸。我们应该知道，任何理想都不是转眼之间所能达到的，在我们没有艰苦耕耘之前，空望着那遥远的理想是没有任何作用的。只有从头开始，认真坚持走下去，才能慢慢地接近它、达到它。这就是所谓的“登高必自卑，行远必自迩”。

对于那些渴望成功的年轻人，我想说：不要太急躁，不要妄想一夜成名，当你做好充足的准备后，再一步一步地低头前进时，成功自然会随之而来。

沉得住气，耐得住寂寞

著名散文家余秋雨说过：成熟具有磅礴的大气和平淡的心境。困惑时，将所有的人和事抛开，全身心地进入寂寞之中，从黎明到黑夜都保持那种心境，在成熟的空间里充分享受自己的天和地。

一位刚刚从南方打工归来的农民回到了深山的家乡之中，并且带回了南方特有的毛竹种子。他将这些毛竹种子散种在门前荒芜很久的山沟中，为了让毛竹顺利地成长，他还费尽力气铲除了山沟中的蒿草和灌木。

然而，到了次年春天，整片山沟只长出了一棵毛竹苗，这让农民异常失望。他心想：是毛竹不适合北方的气候，还是我的种植经验不足？不过，农民还是精心地照顾这棵孤独的毛竹幼苗，经常给它浇水、施肥。

时间过了一个月又一个月，周围的蒿草和灌木再次生长出来，甚至蹿到了一米多高，但是毛竹苗还是没有长高的趋势。最后，农民断定毛竹根本不适合在北方生长。于是，他决定铲除这棵孤零零的毛竹苗，然后将这片山沟种上其他植物。当他想要铲除它的时候，一位同村的朋友喊他帮忙，所以他就暂时放弃了铲除毛竹苗。后来，农民忙于农事，就将这件事情抛之脑后了。

一年过去了，两年过去了，虽然当地雨水充足、光照充足，但是那棵毛竹苗还是没有长高。时间一晃到了第六个年头，一场春雨过后，农民再次来到山沟，却发现这棵毛竹拔地而起，已经生长到一米多高了。农民感到十分费解，为什么这棵毛竹过了五年才开始生长？后来，农民每天都来观察这棵毛竹的生长情况，令他惊讶的是，在以后的日子里，毛竹每天都以60厘米的速度疯长，很快就生长到20多米高，而它周围的蒿草和灌木只能仰望着它。

又一场春雨过后，原本长满蒿草和灌木的山沟突然长出数十株毛竹幼苗，这些幼苗同样以每天60厘米的速度飞快成长。一个月后，荒山沟长满了虽然纤细却生命力旺盛的毛竹。农民对于这种状况十分惊讶，于是拿着铁铲挖开了山沟的土，他赫然发现，毛竹的地下根茎已经遍及整个山沟，辐射方圆1千米的范围。这时，农民才恍然大悟，在过去的五年内，地上的毛竹幼苗虽然没有成长，但是地下根茎却不停地生长和蔓延，不停地吸收着大地的营养，等到时机成熟时，它们便可以直入云霄。

在最初的5年，人们几乎看不到毛竹的生长，但是在以后的日子里，它却像被施了魔法一样，每天以疯狂的速度生长，甚至可以在6个星期的时间内生长到二三十米的高度。毛竹的快速成长依赖于它那发达的根系，据说毛竹的根系将近5米多长。虽然我们看不到它的成长，但是在过去的5年内，毛竹一直默默地扩充自己的根系，以便让自己可以积蓄更多的力量。毛竹用5年的时间来沉淀自己、来积蓄能量，最终赢得了为蒿草和灌木所羡慕的高度。我们的人生也应该如此。

成功需要沉淀，需要积蓄自己的能量。成功者的人生是寂寞和孤独的，但是他们并不甘于平庸，并不满足于现状，他们犹如毛竹一样拥有直入云霄的梦想。当别人急于表现自己、急于求成的时候，他们永远在默默地储备自己的力量，所以，当时机成熟时，他们就会如毛竹一般一鸣惊人。可是，有些人太计较眼前的得失，却忽略了长远的利益，所以只能成为碌碌无为的平庸者。

公司老板刚刚大学毕业时，只是一家小公司的营销员，由于刚刚进入社会，没有销售经验和人脉关系，所以前几个月几乎没有什么业绩。老板曾经不止一次地回忆那段艰苦的岁月，他曾感慨地说："当时心中充满了寂寞和无助，所有人都在为自己的业绩而忙碌，没有人告诉你该怎么做，没有人在乎你是否有业绩。当然，除了老板，但是他也不会教你怎么做，只是希望你拉到更多的生意。"当然，所有刚刚进入公司的年轻人都面临着这样的困境和难题。几个月后，与老板一同进入公司的同事选择了放弃，他们没有办法忍受这种无助、寂寞的处境。

然而，老板却坚强地挺了过来，他努力地掌握公司的业务知识、钻研销售技巧、研究顾客心理。经过一番艰苦的努力，老板的业务水平突飞猛进，第二年便成为公司的销售状元，后来他成了业界的明星人物，并且创立了属于自己的公司。而当年离开公司的同事仍是一名普通的销售人员，只是不停地从一个公司跳槽到另一个公司。老板感慨地说："如果当初他们也能坚持下来，说不定也能获得出色的成就。正是因为他们耐不住寂寞，不愿意坚持到底，所以到现在还是一事无成。"

在人生的道路上，无论我们处于年轻时代、中年时代，还是老年时代，如果产生浮躁心理，一味急于求成，或许会取得短暂的成功，但是时间久了，就会出现后劲不足的现象。我们要学习毛竹那种沉得住气、耐得住寂寞的气度，在生活中不断积累知识、不断积蓄能量，这样才能创造出灿烂的人生。

像风筝一样逆风而上

年轻的我们，总是对生活和事业有着无限的热情和冲劲儿，总是渴望时刻都能获得成功，总是期盼自己的人生一帆风顺。然而，现实并不能如我们所愿，我们的人生总是会不可避免地遇到这样那样的困难和挫折。或许在某个时候，我们就跌倒了、失败了。这时，我们应该怎么选择？是迎难而上，还是退缩不前？

我们小时候都放过风筝，如果不能逆着风向奋力地奔跑，那么风筝根本无法飞上青天。因为风不仅是风筝飞行的阻力，更是使其飞得更高的动力。而风筝也敢于挑战自己、敢于冒着被大风撕碎的风险而扶摇直上。我们应该学习逆风而上的风筝，只有如此才能冲上青天。

著名教育家徐特立先生说过：“有困难是坏事也是好事，困难会逼着人想办法，困难环境能锻炼出人才来。”不错，生活中的困难对于我们而言，是坏事也是好事，困难迫使我们想方设法突破自己，挫折则可以锻炼我们的意志。

吉尔·金蒙特曾经是美国最著名的滑雪运动员，她最大的梦想就是参加奥运会，赢得奥运会金牌。然而，一场突发的意外使她的梦想成为泡影。在奥运会预选赛的最后一轮比赛中，金蒙特沿着大雪覆盖的罗斯特利山坡向下滑行，由于雪道特别光滑，使她的身体失去了平衡，直接冲下了山。等到金蒙特再次醒来时，发现自己已经躺在医院中，虽然保住了性命，但双肩以下的身体却永久性瘫痪。这时，金蒙特只有18岁，原本她可以成为世界上最优秀的滑雪运动员，可是她现在不得不躺在床上度过漫长的一生。

令人意外的是，金蒙特仅仅消沉悲伤了很短的时间，很快她就认识到：人活在世上，只有两个选择：要么奋发向上，要么灰心丧气。她选择了前者。因为她坚信自己拥有改变自己命运的能力，可以重建自己的生活。于是，在以后的几年中，虽然整天与医院、轮椅打交道，病情时好时坏，但是她从来没有放弃对新生活的追求。经过了艰苦的治疗和训练，她学会了写字、打字，学会了用特制的汤匙吃饭，甚至可以自由地操纵轮椅。她还报考了加州大学洛杉矶分校，努力丰富自己的知识，提高自己的素养。在学校学习期间，她找到了人生的新目标：成为一名教师。

然而，这又谈何容易！金蒙特只能坐在轮椅上，根本无法站上讲台，况且她还没有受过专业的训练。所以，当她向教育学院提出申请时，遭到了系主任、学校顾问和保健医院的拒绝和否定，他们一直认为以她的身体条件和知识储备根本不适合做一名教师。然而，金蒙特的理想就是成为一名教师，任何困难都不能动摇她的决心。

后来，她不断地充实自己、学习各方面知识，直到1963年，她终于被华盛顿大学教育学院聘用。虽然她的行动不方便，但是她生动幽默的教学风格深受学生们欢迎，也得到了学生和学校老师的尊敬和爱戴。虽然，金蒙特一生都没有获得奥运会金牌，但是她得到了另一枚金牌，那是华盛顿大学为了表彰她的教学成绩而授予她的。她还获得了人生的另一枚金牌，那是上帝为了表彰她不惧困难、逆风而上而授予她的。

我们要记住，只有逆风的方向才更适合飞翔。在追寻理想和成功的道路上，不怕千万人的阻挡，怕的是自己投降。无论什么时候，我们都要保持一种信念，毫不动摇，这样才能把握好奋斗的方向，才能踏踏实实地实现自己的目标。

人生中所有的困难、质疑、伤害乃至失败都是我们前进路上的阻力，是我们必须经历的挑战。我们若是畏惧、退缩，那么它们将成为我们前进道路上的拦路虎；我们若是勇敢地面对它们、突破它们，那么它们则会成为我们实现梦想、攀上顶峰的奠基石。

在遇到困难和挫折时，我们要敢于迎难而上，像风筝一样逆风而飞，才能飞得更高更远。如果我们惧怕生活中的困难和挫折，贪图安逸舒适的生活，就会像顺风而行的风筝一样，只能随风飘零，最终落入尘埃。

宁愿在地上步行，也不愿在云端跳舞

年轻时，我们会遇到很多很多的困难，我们因此流泪过、无助过、彷徨过、失望过，也曾经想要放弃过。但是，我们并没有真正放弃，因为我们知道，与其在悲伤中度过，不如放下自己的悲伤，重新背上行囊再次向远方出发。正因为我们经历过无助和彷徨，所以每次迈出的脚步都坚实有力，每做一次决定都谨慎认真。当我们到达远方时，将会发现身后留下了两串坚实的脚印。

年轻的时候，你是否有过一步登天的想法？是否梦想着有朝一日能成为比尔·盖茨那样的超级大富翁？是否每天都买几张彩票，然后晚上梦见自己中了500万大奖？这些都是我们年少轻狂时做的美梦，本也无可厚非，只要别一辈子都怀着这样不切实际的妄想就好了。说实在的，我十几岁的时候，也曾经有过这样的想法，但是知道了约翰·戈达德的事迹后我就放弃了这一个想法。

在半个世纪以前，他还是洛杉矶郊区一个从没有见过世面的孩子。到了15岁时，他决定走出自己的小天地，去看一看外面的美丽世界，于是他列了一个题为“一生的志愿”的表格。我们在他所列的表格上，看到了这样的内容：登上珠穆朗玛峰、乞力马扎罗山；驾驭大象、骆驼和野马；走马可·波罗和亚历山大一世曾经走过的路；写一本书；读完莎士比亚、柏拉图以及亚里士多德的著作；参观月球；结婚生子……在表格中，他列出了一生想要到达的地方、想要完成的事，并且将所有事情都编了序号，他总共列出了127个目标。他坚定地对自己说："这就是我一生的志愿，我要用自己的生命去一一完成。"

之后，他就开始逐步实现自己的梦想。第二年，他就跟随父亲前往佐治亚州的奥克费诺基大沼泽和佛罗里达州的埃弗洛莱兹探险。后来，他开始读莎士比亚的著作，即使在最忙碌的时候，也会找时间读上一篇。他20岁的时候，就成为一名出色的美国空军飞行员。后来，他成为洛杉矶探险家俱乐部最年轻的成员，足迹则遍布了亚马逊河、刚果河和高耸的乞力马扎罗顶峰。当然，在历险的过程中，他经历了无数艰险和困难，一度几乎葬身鱼腹，还差点被埋在雪山之下……

年复一年，他从来没有放弃自己的梦想，执着地完成着自己计划。到他49岁时，他已经完成了106个目标，踏上了世界上每一个国家的土地，登上了珠穆朗玛峰……后来，他身体远不如年轻时健壮，但是仍不辞辛苦地完成剩下的目标，包括登上中国的长城以及参观月球等。

温家宝总理与北京大学学生共同庆祝"五四青年节"时，学生们写下了"仰望星空"4字来表示对总理的欢迎，而总理却挥毫写下了"脚踏实地"4个大字赠给广大学子。温总理语重心长地告诫学子，一个民族只是关心脚下的事情，那是没有未来的；但是一个民族不关心脚下的事情，也是没有未来的。

我们不得不敬佩温总理的胸怀和智慧。我们应该拥有仰望星空的情怀，这样才能拓宽自己的视野，但是我们不能飘浮在云端之上，否则将会飘离原来的位置。

哲学家维特根斯坦说过:“我贴在地面步行,不在云端跳舞。”这句话说得一点儿都不假，我相信每一个读过它的人都会被深深折服。贴地步行，也许会被地上的石头绊倒，却可以在大地上留下踏实深刻的脚印；立于云端，可以轻快地跳舞，但是脚下却总有轻飘的感觉，缺少了些许踏实感。

跳水运动员可以在空中做出优美的动作，然而，即便他们在空中舞出多么优美的动作，终究都要落在地上。所以，我宁愿在地上步行，也不愿在云端跳舞。因为我清楚地明白，在云端跳舞始终是虚幻的，只有脚踏实地才是最真实的。

生活需要我们一步一个脚印地走下去，即便道路上有泥泞、有坎坷，但是只要坚持不懈地向前走，就能收获灿烂的人生。

尽力而为远远不够

在做某件事情的时候，我们总是会说尽力而为；在遇到困难的时候，我们总是劝自己尽力而为。然而，这些不过是我们敷衍自己的借口，其实我们心中早就产生了畏惧情绪。我们不愿意激发自身的潜能，或是不愿意冒险做那些成败不定的事情。所以，我们总是用“尽力而为”来安慰自己，以至于在困难和挫折面前不断退缩和踌躇，以至于无法达到自己的目标，也无法突破自己。这时，我们不妨扪心自问，仅仅尽力而为就够了吗？

当然不是。无论做什么事情都不能只想着尽力而为，而是要竭尽全力，如此，即便我们失败了也问心无愧，即便事情做得并不完美也不会招人非议。

曾经听到这样一个故事：在美国西雅图有一所著名的教堂，里面的牧师戴尔·泰勒是位德高望重的老者，并且肩负着为教会学校讲学的责任。一次，泰勒牧师向学生们讲述了一个寓言故事：

冬天，猎人带着猎狗到森林中打猎，并且一枪击中了一只兔子的后腿。兔子虽然中了枪，仍拼命地奔跑，猎狗则在其后穷追不舍。然而，猎狗最终没有追上兔子，只好怏怏地回到猎人身边。猎人生气地责备道："你真是没用，连一只受伤的兔子都追不上。"猎狗不服气地说："我已经尽力了。"后来，受伤的兔子逃回了森林，其他动物都惊讶地说："你带着伤，竟然跑过了凶猛的猎狗！"兔子却说："因为它只是尽力而为，而我却是拼尽了全力。它没追上我，最多挨猎人的责骂，而我若不拼尽全力，只能丢了性命。"

泰勒牧师给学生们讲完故事后，又对他们说："你们谁能背诵《圣经·马太福音》中第五章到第七章的全部内容，我就邀请他去西雅图最高级的'太空针'高塔餐厅参加聚餐会。"

课堂中的学生无不发出惊呼声，因为这段内容有几万字，而且不押韵，背诵全文是十分艰难的事情。尽管所有学生都想要参加免费聚餐会，但是几乎所有人都认为这是不可能完成的任务。泰勒牧师也明白，即便是成年信徒，能背诵这些篇幅的也寥寥无几，何况是一些孩子。然而，几天后，一位 11 岁的小男孩却一字不漏地背诵了下来，甚至声情并茂。

泰勒牧师感叹男孩惊人的记忆力，不禁惊讶地问：“你是怎么背诵下这么长的文字的？”

男孩不假思索地说道：“我竭尽全力。”这个男孩就是世界著名软件公司的老板——比尔·盖茨。

每个人都有极大的潜能，有时候我们不能完成某件事，并不是因为我们能力不够，而是我们没有付出全力。我们想要成为出类拔萃之人、想要成就伟大的事业，仅仅做到尽力而为还远远不够，必须竭尽全力才行。

然而，很多时候，我们不能发现自己的巨大潜力，甚至不愿意激发自身的潜力。于是，当我们做事情的时候，总是会说：“不是我不想完成这项工作，我已经尽力了。”“这事情真的太难了，我已经尽力而为了。”可是，我们不妨再问问自己，我们真的已经尽力了吗？我们是否可以做得更好一些？如果我们拼出全力做这件事情，会有怎样的结果？

公司招聘了一位行政助理，是一个刚刚大学毕业的女学生。刚开始，同事们对这位新进人员印象良好，小姑娘是名牌大学毕业生，形象好、有礼貌，能力也算不错。然而，小姑娘没过三个月试用期便被辞退了，同事们感到十分疑惑，直到老板道出了实情才恍然大悟。

原来，有一天老板吩咐她给几家合作伙伴送资料，这几个合作伙伴虽然不在同一区域，但是距离并不算远。结果，快到下班的时候，小姑娘才回到单位，并且只送到了一份资料。老板询问她理由，她支支吾吾地说：“那些地方实在太难找了，我问了很多人才找到一个地方。”老板有些生气地说：“这几个办公楼都是非常有名的建筑，你怎么会找不到？”

她急忙为自己辩解说：“我真的认真地找了，还问了好多路人，我真的已经尽力了。”

最后，老板看着她什么也没有说。第二天，老板就将她辞退了。老板无奈地说：“既然这就是她尽力的结果，想必她也没有太强的能力，那么只好请她离开公司了。”

生活中总是充满了无数困难和挫折，所以，无论什么时候，我们都不能存在侥幸心理，都要有全力以赴的决心，这样才不会错过获得成功的机会。生活中的困难和挫折，就如同黎明前的黑暗，我们只有咬紧牙关，竭尽所能地冲破黑暗，曙光才能破云而出。

执着地走下去，即便无人喝彩又如何

年轻时，我曾经信誓旦旦地宣称要走遍全国最美丽的地方，西双版纳、西藏那些美丽的地方无时无刻不在向我招手。但是当我踏上旅途时，独自一人行走的孤单和寂寞让我产生了退却之心，最后只游玩了近处几个地方便打道回府。直到今天，我仍为当初的放弃而懊恼不已。

人生中最难忍受的不是贫穷困苦，不是挫折失败，更不是身体上的伤害。那些独自行走的孤独，繁华过后的寂寥，以及无人喝彩的孤寂，才真正是我们最难以忍受的。

所以，我们总是呼朋招友，总是忙碌不已，以此来填补内心的孤单和寂寞；所以，我们离不开社会，离不开人群，即便是曾经漂流到孤岛上的鲁滨逊也需要有星期五的陪伴，才能在荒芜的环境中生存下来。然而，在成功的道路上，我们却必须忍受住内心的孤单和寂寞，即便没有人为我们加油喝彩，也要坚强执着地走下去。

记得有位哲人说过："世界上最强的人，也就是最孤独的人。只有最伟大的人，才能在孤独寂寞中完成他的使命。"如果我们想要获得成功的人生，不妨从忍耐做起，从习惯寂寞孤单开始。因为成功者往往是那些耐得住寂寞且不随波逐流的人。

诚然，无人喝彩的人生是寂寞的，无人喝彩的人生也被人们认为是失败的。所以，很多人不能忍受前行的孤独和寂寞，行至半途便选择返回，或因不堪忍受而中途改道，甚至一些人放慢了自己前行的脚步，转而欣赏起沿途美丽的风景。最后，能够走向终点的人只是很少的一部分。这些人只顾着埋头走路，别人的嘲笑和喝彩他们不在意，满路的花香和风景他们也不在意，他们最在意的便是如何到达目的地。而这些人终究会成为人生中的强者，成为生活中最出色的人。

其实，所谓高处不胜寒，越是成功的人，就越会寂寞；但越是成功的人，就越能忍受住寂寞的煎熬。人生道路上还有很多孤独和寂寞在等着你，只要你不怕寂寞，勇敢地面对寂寞，相信你就会有所成就。

记得陈凯歌执导的《梅兰芳》中有这样一句台词："'梅兰芳'所有一切的成就都从他那一份孤独中来，谁要是打破了这种孤独，谁就毁掉了梅兰芳。"成功者都是孤单和寂寞的，如果你的生活中充满了鲜花和掌声，充满了喧闹和享受，那么你永远也得不到心灵的安宁，你永远也只能是一名平庸的普通人。

在人生的旅途中，我们要抵挡住物质享受的诱惑，要抵挡住外界环境和他人的干扰，将全部的精力都投入自己所追求的事业中去，如此，我们必定会成就与众不同的事业，成为人生中的强者和胜利者。

我们都是平凡的人，或许一生都会默默无闻，或许一生也无法成为出色的人。但是我们不能将自己看得过于卑微、渺小，无论怎样都要坚持走属于自己的道路，不在乎是否会赢得别人的赞同，更不要刻意追求那些无所谓的掌声与喝彩。春天并不因为芳香而到来，鲜花也并不因为赞美而芬芳，我们又何必因为无人喝彩而停止自己前行的脚步呢？坚守属于自己的人生，即便无人喝彩，我们也要依旧淡定而执着地走下去。

想好了，就要立即行动

经常看到朋友在微博中说："我要减肥！""我要锻炼身体！"可是，每当我问他们减肥成果和锻炼身体效果的时候，他们都会尴尬地说："不吃饱了怎么有力气减肥呢？""我还没有行动！”每次听到这样的回答，我都哑然失笑。试问你不付诸行动，怎么会得到好的结果呢？

如果我们想减肥、想锻炼身体，最好是今天就行动，现在就行动。因为想法在我们脑海中停留越久，就会变得越脆弱。一周过去了，一个月过去了，也许我们的想法就消失了。因为无论任何事情，只有行动了才有实现的可能。光是有想法是远远不够的，想好了，就要立即行动，并且全力以赴地去做，这样才能实现自己的理想。

无论什么时候，行动都要比想法重要得多。因为不管我们的想法有多好，如果不去行动的话，那么我们的想法永远也不会变成现实。那些每天幻想着成功却不肯行动的人，永远也不可能获得成功，即便上天给他们更多的机会，他们也注定只能与成功擦肩而过。不肯付诸行动的人，永远只能徘徊在低谷，眼睁睁地看着别人实现梦想。

我们知道，企业招聘员工的时候都会考察应聘人员，有的侧重考察能力、有的侧重考察团队精神，还有的侧重考察应变能力，但是更多的是考察他们的积极性和行动能力。因为一个企业的员工即便有再高的能力和团队精神，如果没有工作积极性和良好的行动能力，那么也无法很好地完成工作，无法取得优异的成绩。

记得曾经看过一家企业的测试题，目的就是考察应聘人员的行动力。主考官将10名应聘者叫到一个办公室，对他们说：“这里有一个柜子，请你们想办法将这个柜子搬到旁边的办公室，我给你们一个小时的考虑时间。”

所有人看着这个巨大的铁柜都愁眉不展，因为这个铁柜体积太大了，看起来十分笨重，想凭借个人的力量将它搬出去，根本是不可能的事情。很快，一个小时过去了，应聘者说出了自己的最佳办法，有的想用杠杆原理，有的想运用滑轮，甚至有人想将柜子拆开。主考官听着这些应聘者的方案，没有给出任何评价，只是微笑地看着他们发表自己的看法。最后，只剩下一名应聘者没有发表意见，她是一个柔弱的女孩，主考官笑着对她说："你有什么更好的想法吗？"

女孩笑着说："我没有更好的办法，但是我可以试试看。"说完，她直接走向墙边的铁柜，想要弯腰搬动柜子。令所有应聘者惊讶的是，她竟毫不费力地搬起了铁柜并搬到了另外的办公室。原来，这个体积巨大的柜子并不是用铁做成的，而是用泡沫做成的，只是表面上包了一层薄铁。实际上，主考官只是想考验这些应聘者是否具有行动能力。

其他应聘者苦思冥想出了解决问题的最佳方案，但是他们没有一个将自己的方案付诸行动，这样一来，即便他们的方案再出色也不可能完成任务。所以说，有了想法就立即行动吧！只有行动起来，我们才有获得成功的机会，否则一切都是空谈。

现在的年轻人，很多都拥有远大理想，他们每天思考自己什么时候才能成为千万富翁，什么时候才能拥有自己的公司，甚至每天做着中彩票头奖的美梦，却连起身去买都做不到。他们只是这样凭空幻想，从来都没有朝着自己的目标前进过，如此一来，远大的理想就变成了毫无实际意义的空想和幻想。这样的人，又怎么能获得成功，怎么能实现自己的梦想？

美国著名黑人作家亚历克斯·哈利说："要想取得成功，最好的方法就是努力工作，并且立刻行动，对自己的理想深信不疑。”

哈利是这样说的，也是这样做的。他曾经只是美国海岸警卫队的一名厨师，却对写作产生了浓厚兴趣。他平时喜欢写一些生活感悟和随想，同事们也知道他这个爱好，所以经常拜托他代写情书。逐渐地，他发现自己已经离不开写作了，所以他立志成为一名作家，并且决定写一部长篇小说。

确定了自己的理想后，哈利就开始行动了。每天工作之余，他都会阅读大量的小说、钻研知名作家的写作风格和写作手法，然后利用所有的空闲时间不停地写作。就这样，他每天笔耕不辍地坚持了整整八年，终于获得了在杂志上发表自己作品的机会，虽然稿酬只有100美元，却更加坚定了他写作的决心。

后来，哈利从美国海岸警卫队退役，这使他拥有了更多的写作时间，他继续为自己的理想不停地写着。然而，在接下来的几年内，他没有发表过多少作品，没有赚到多少稿费，反而因为不停地写作而欠下很多债务。尽管如此，他仍坚信只要自己努力地写作就可以实现自己的理想。

又过了几年，他终于完成了第一本长篇小说《根》，这本书描述了美国黑人的苦难历史，而写完这本书共花费了12年的时间。在这漫长的12年里，他因为不停地写作，手指都已经变形，视力大幅度下降。不过，令他欣慰的是，《根》一经出版就得到了美国和全世界读者的认可，仅在美国就发行了160万册精装本和370万册平装本，成为具有时代意义的经典名著。而哈利也一举成名，成为全世界最著名的黑人作家。

从一个爱好写作的厨师到一位享誉全世界的作家，哈利的成功不仅体现了梦想的巨大影响力，更体现了行动的重要作用。

想法虽然重要，但是只有变成现实才更有价值。所以，想好了，就要立即行动起来。我们只有做到这点，才能更好地成长起来，才能有机会实现自己的梦想。而那些只知道空想，或是守株待兔的人，永远只能与成功和梦想擦肩而过。

你只需努力，剩下的交给时间

我们总是喜欢给自己定下一个远大的理想，总是希望自己的人生可以获得巨大的成就。的确，有一个远大的理想是一件不错的事情，这可以激励我们成就更大的事业，因为只有站得高才能看得远。但是，实现远大的理想，靠的是一个个短期目标的实现和相连。如果我们不努力地完成眼前的短期目标，又如何实现未来长远的理想?

不过，在生活中，有些年轻人却会一味制定远大无比的理想，不懂得制定切合实际的短期目标。接下来，他们在实现理想的过程中，总是拖拖沓沓，怕苦也怕累，甚至随随便便就放弃了。当我们询问其缘由时，他们总会找出无数冠冕堂皇的理由和借口，却始终不肯承认自己的怯懦和懒惰。一味怕苦怕累的人，即便是短期的目标都无法实现，又如何实现人生的长远目标呢?所以，想要实现远大的理想，就必须吃得了苦、受得了累，将艰苦的奋斗看成是实现人生价值的手段。

奋斗的人必定要吃尽苦头，最初的痛苦和艰难不过是成就未来的基石，而我们只有走到最后才能品尝到成功的甘甜。不管在人生的道路上，我们吃多少苦、受多少累，都要坚持不懈地走下去，这样才能成为一个真正的成功者。

真正沉淀下来的，总是那些有重量、有实力的；而那些轻浮、微小的事物，只能漂浮在水面之上。人生也是如此，我们只有努力走好人生的每一步，让自己真正沉淀下来，才能成就光彩绚丽的人生。我们不必在意别人的看法，更不要理会别人的议论，只要我们永远向着自己的目标执着地走下去，为了自己的理想而不懈努力，就足够了。

弟弟当年将要高考的时候，曾经在微信上发了一个截图给我，然后灰心丧气地说："我觉得我再努力也比不上他们，我觉得自己的未来没有任何希望。"原来，截图上介绍了历届考上北大、清华的高考状元，他们要么是奥数冠军，要么是各门功课年级第一，要么是各项比赛的获奖者。我看了之后回答说："你只看到了他们的成绩和奖状，却没有看到他们的努力。"

社会上，总是不乏这种类型的人，他们总是为自己的懒惰找借口，他们总是抱怨："我努力读书有什么用？那些智商高的人随随便便就可以取得好成绩，而我每天努力读书却只能跟在他们身后。""我努力拼搏有什么用？即便再努力也比不上条件优厚的富二代。"这些人不满于自己的生活状态，却不肯努力改变自己的现状；他们羡慕别人优厚的生活和辉煌的成就，却总是给自己的不努力找各种借口。我们不妨仔细想一想，人与人的智力和能力确实有高低之分，但是如果我们能付出比别人多几倍的努力，怎么会有不取得优异成绩的道理？那些富二代确实生来就拥有优裕的环境，但是他们身后“富一代”的财富和成就哪一样不是依赖自己的努力奋斗获得的？我们只看到了别人的成功和财富，却从来没有看到别人的努力和拼搏。为什么我们总是羡慕有钱有势的“富二代”，而不能凭借自己的努力拼搏成为真正的“富一代”呢？

朋友曾经问我：“如果有一天，你的梦想始终没有实现，你会不会觉得可怕？”

我说：“这没有什么可怕的。”

“即便曾经的努力没有任何回报，你也无怨无悔吗？”

我陷入了沉思之中。是啊，我们都在追求成功、追求回报，已逐渐地忘记了享受追求的过程。然而，人生就是如此，努力从来不等于成功，成功也不意味着幸福。很多时候，我们付出了无数的努力却得不到什么回报，我们拼尽了全力却仍无法实现自己的梦想。这时候，我们应该怎么办？

我想，这似乎不应该成为一个问题，就像钓鱼并不是为了得到大鱼，而是为了享受垂钓的闲适和自由一样。如果我们的努力能让自己做喜欢的事情，能让我们享受拼搏的快乐，那么为什么我们要放弃努力呢？这何尝不是一种回报呢？所以说，付出自己的努力吧，至于回报和结果就交给时间吧！

生命的真谛并不在于事业的成功和成就的辉煌，而在于对于事业和成就的不懈奋斗与追求。虽然并非每一次付出都会有收获，并非每一次奋斗都会成功，但是如果我们不去努力和奋斗，那么更谈不上什么收获和成功。

拿破仑出身于没落的法国科西嘉贵族家庭，虽然他的父亲贫困潦倒，没有任何本事，却拥有贵族阶级的高傲和不可一世。为了让自己的儿子有所作为，他将拿破仑送进了当地一所贵族学校。

由于家庭贫困，拿破仑遭到了其他贵族子弟的嘲笑和轻视，这让拿破仑十分愤怒，他在心中暗暗发誓：将来一定要出人头地，成为最优秀的人。在贵族学校学习的五年里，他丝毫不理会别人的嘲讽和白眼，全身心地努力学习、发愤图强。而同学们所有的嘲笑、侮辱、轻蔑都成为他努力学习的动力，激发了他想要出人头地的斗志。靠着不懈的努力，拿破仑以全校第一名的成绩毕业，并且被授予少尉军衔。那一年，他年仅16岁。

随后，拿破仑来到了部队。然而，他发现周围的同事大部分都不务正业，甚至以追女人和赌博为荣。由于拿破仑不肯与这些人为伍，再加上他家庭贫困、生活寒酸，所以遭到了同事们的排挤。同时，拿破仑虽然军事能力突出、成绩显著，但是因为不善于溜须拍马，所以得不到升迁的机会。

拿破仑依旧不理会这些，他一头扎进图书馆之中，大量地阅读哲学、军事、名人传记等著作。他不仅研读众多的历史著作，还细心地给那些重点做下笔记，仅摘抄的笔记就有一尺多厚。他还将自己想象成一名统帅三军的总司令，详细地画出自己故乡科西嘉岛的地图，进行布防作战的演练。

一次偶然的机会，长官见拿破仑学问良好、军事素养优秀，便派他到训练场执行任务。这项任务非常艰巨，但是拿破仑却完成得极为出色，这让长官见识了拿破仑的出色能力。最后，拿破仑凭借出色的军事能力，从此走上了发达之路，不仅成为法兰西帝国的皇帝，更成为征服欧洲大陆的欧洲霸主，成为与恺撒大帝、亚历山大大帝齐名的拿破仑大帝。

不要因为跌倒了，就不愿再站起来继续赶路，否则只会使我们一无所有；不要因为前方道路泥泞，就犹豫徘徊而畏缩不前，否则只会使生命之花凋零。所以，在人生的旅途中，无论我们经历什么、失去什么都不要忘记坚持不懈地努力，不要忘记风雨无阻地前行。

鲜花和掌声从来不会赐予懒惰者和抱怨者，而是会赠与那些风雨无阻的前行者。只有风雨无阻地前行才能到达成功的彼岸，才能让生命之树结满丰硕的果实，才会使我们更加靠近自己的理想。

坚持追逐，做勇敢的自己

我有一个朋友经常说自己的梦想就是走遍全世界，犹如徐霞客、马可·波罗那样，到世界各地去探险，去领略大海的壮阔、去体会沙漠的神秘、去探索大自然的奥秘。然而，他总是说："我现在没有钱，如果我拥有足够的财富之后，就可以自由自在地做这些事情了。"可是，这位朋友却从来没有想过，那些靠徒步走遍世界、靠"穷游"游遍世界的人，同样没有足够的金钱，甚至他们可能还没有这个朋友富裕。但是他们却拥有追逐梦想的心，拥有走出自己世界的勇气。

所以，当我们拥有梦想的时候，就应该拿出勇气和行动，让生命展现别样的色彩。如果我们不敢做勇敢的自己，不能坚持追逐梦想，那么只能一辈子在原地转圈。

每个人都有自己的梦想，但是能坚持到底的人却少之又少。我们热衷于谈论自己的梦想，但是似乎只把它当成了一句口头禅，一种对枯燥生活的安慰和激励。于是，很多人带着梦想活了一辈子，却从来没有认真地去尝试实现梦想。还有些人曾经想要实现自己的梦想，但是当他们遇到挫折和苦难的时候，却因为畏惧而退缩了，于是他们离自己的梦想越来越远。

诚然，追逐梦想的道路漫长而又曲折，但是只要我们怀着希望，坚持不懈地追逐下去，那么就会越来越接近成功。如果我们在中途放弃，那么就永远无法体会到成功的快乐。所以，尽管前进的道路漫长而曲折，尽管会经历无数的失败，我们也要坚持自己的梦想，如此才会获得属于自己的桂冠。

不仅如此，当我们的梦想终于化为现实的一刻，我们所得到的成就感和幸福感是难以言表的。所以，永远不要放弃自己的追求与梦想，坚持做勇敢的自己，这才是人生中最重要的。

从前，有一个普通的小男孩，其父亲是一位优秀的马术师，所以从小他就跟随父亲走遍了所有广阔的牧马场。尽管从小就过着四处漂泊的生活，但是他却对牧马场产生了浓厚的感情。在他小小的心灵深处产生了一个美丽的梦想，即拥有属于自己的农场，这样他与父亲就会安定下来，不用再过四处飘零的生活。

后来，小男孩又跟随父亲到了一个新的地方，转学到一个新的学校。一次，老师给同学们安排了一篇作文，题目是“长大后的志愿”。小男孩兴奋地写下了自己想拥有农场的愿望，他在作文中写道：我想拥有一座属于自己的农场，中央建造一座出色的牧马场。我还要在牧马场旁边建造一栋占地4 000平方英尺的豪宅。在作文的最后，小男孩还认真地绘出了一张设计图，详细地设计了马厩、跑道等设施。

当他满心欢喜地等待老师的表扬时，却得到一个红红的大“F”。小男孩十分伤心，不明白自己为什么会得到“F”。下课后他找到了老师，眼含泪水地问道：“我认真地写下了自己的梦想，为什么会不及格？”

谁知老师毫不留情地说道：“你小小年纪怎么学会做白日梦了呢？你家没有钱、没有背景，怎么可能拥有那么大的农场呢？如果你可以写一个现实些的志愿，我将给你重新打分。”

小男孩默默地站在原地，低头看着手中的作文本，最后他倔强地抬起头，自信地说道：“即便我拿着大红‘F’，我也不愿意放弃自己的梦想。”

后来，小男孩终于实现了自己的梦想，他在圣思多罗建造了当地最大的牧马场，成为当地最有名的农场主。

奥普拉曾经说过：“一个人可以非常清贫、困顿、低微，但是不可以没有梦想。只要梦想存在一天，就可以改变自己的处境。”我们也许不能创造巨大的财富，也许不能成为声名显赫的伟人，但是我们都应该拥有成就自我的梦想，并且坚持追求自己的梦想。即使到了最后，我们的梦想没有实现，但是我们已经尽了最大的努力，便问心无愧了。

第六章　放下之后，还有什么不能释怀

人生就像是一座华美的大厦，整体构造良好，但是墙壁剥落、水管失修、配备不足……有太多需要整修的地方，除非你将整座大厦拆掉。但是大多数人又舍不得，因为那是一生的心血。人生有太多的舍不得、放不下，所以不得不苦苦地支撑。人们放不下的不是身边的事物，而是心中无尽的欲望。当你的内心选择放下之后，还会有什么不能释怀的呢？

随手关上身后的门

巴黎卢浮宫是世界上最著名的博物馆，珍藏了数十万种古罗马、古埃及、古希腊以及古代东方的艺术品和王室珍玩。数量惊人的珍贵艺术品吸引了世界各地的游人前往参观。人们在断臂维纳斯前感受爱与美的魅力，在《蒙娜丽莎》前感受那迷人的微笑。

然而，在一段时间内，数以十万计的游客却在一面空墙面前流连忘返。因为这面墙曾经悬挂着《蒙娜丽莎》，可是在1891年的一天，这幅最受人瞩目的名画竟然被人偷走了。可从那一天起，这面空白的墙壁却吸引了更多的游人，他们久久站在空墙前面，感叹传世名画的遗失，猜测名画如今流落何地，愤怒盗贼的可耻……后来，人们统计，在《蒙娜丽莎》丢失的那两年，在空墙前驻足留恋的人，竟然超过了过去12年来参观这幅名画的人数的总和。

人们总是喜欢怀旧，喜欢怀念以前的时光，越是失去的东西越是难以忘怀、难以放弃。我也是喜欢怀旧的人，总是会拿出过去的照片，回忆与大学同学、与老朋友相处的快乐时光，也总是会温习与爱人恋爱时的浪漫与纯真。曾经我以为喜欢怀旧是长情的表现，记住过去美好的时光是多么幸福的事情。然而，前段时间我却发现，怀念过往似乎已将我挤进了一条狭窄的胡同。因为总是念着老朋友的好，所以我错过了很多结交新朋友的机会，以至于我的朋友圈只有几个大学同学和老朋友；因为经常怀念着恋爱时的浪漫，所以总是抱怨爱人对自己淡漠了，也忘记了爱情和婚姻不仅仅有浪漫和轰轰烈烈，还有相濡以沫的平淡。

我们常常留恋那些已经失去的东西，常常回忆它是多么美好多么珍贵，以让自己不要忘了曾经拥有过的美好时光。可是，我们在缅怀过去的同时，也错过了身边很多美好的事物。经常遥想当年的人，现在的生活必定过得不如意；经常回忆过去的人，必然会错失现在的美好。人生的每一天都是美好的，我们又为何要苦苦迷恋已经过去的昨天呢？

不仅如此，因为总是怀念过去，不能忘怀别人对我的好，也不能忘怀别人对我的坏。然而，正是因为我时刻不忘别人的坏，所以才将自己变成了一个狭隘计较的人。记得儿时有个十分要好的小伙伴，两人每天形影不离，一起上学放学。可是有一天，我发现小伙伴与我相处的时间少了，反而与班上的另一个同学关系亲密起来。我感到自己遭到了背叛，便气愤地找她理论，甚至不惜与其绝交。然而，由于两家住得很近，总是避免不了见面，每次遇到她的时候，她都想与我交谈，但是我都会倔强地扭头离开。她在我心中似乎成为最可恶的人，甚至不止一次向母亲抱怨她的背叛。直到恋爱、结婚之后，还与丈夫多次谈论这个人。前些年回老家过年，恰巧正遇到回家过年的她，当我们再次相遇时，脸上都挂着尴尬，她向我微微笑，而我也只向她点点头。

其实，现在看来，当年真是幼稚至极。如果不是当年的自私和狭隘，也不会对她所谓的“背叛”念念不忘；如果不是不肯忘记她所谓的“背叛”，当年形影不离的闺蜜也不会成为点头而过的路人。过去的事情就让它过去吧，不论它曾经让我们多么幸福，不论它曾经使我们多么痛苦。因为即便我们再留恋，时间也不会倒流。如果过度地怀念以往的生活，我们就会将自己困在过去。

英国前首相劳合·乔治有一个习惯，那就是无论走到哪里，都会随手关上身后的门。一天，有一个朋友来拜访乔治，两人在院子里散步闲谈。乔治稍稍落后朋友一点，每经过一扇门，他总会自然及时地关上身后的门。朋友疑惑地问道：“你府上警卫森严，连一只麻雀都飞不进来。你何必亲自动手将这些门都关上呢？”

乔治微笑地对朋友说：“当然有这个必要。我说的并不是指我的安全问题。我这一生都在关我身后的门。你知道，这对于我以及很多人来说，都是必须做的事情。当你随手关上身后的门时，也将过去的一切关在了门外。不论是美好还是懊恼，不论是成就还是失误。这样你才可以重新开始。”

是的，我们只有关上身后的门，将过往的一切都关在门外，才能卸下身上的重担，才能有重新出发的机会。人们常说，为了耽误一班火车而懊恼不已的人，必然还会错过下一班火车。想要自己的生活充满幸福和快乐，就必须随后关上身后的门，将过去的幸福与成就、痛苦与失败统统关在身后。因为，追悔过去没有任何意义，它只能让我们错失现在；没有了现在，又何谈将来呢？

幸福不是向往未有的，而是珍惜已经拥有的

我们喜欢提前谋划明天或是更远的将来，甚至因未知的未来而影响现在的心情，使自己的生活和工作中滋生很多的烦恼和忧愁。明天会怎样，是明天的事情，未来是否幸运或是幸福，也是未来的事情。

我们经常不自觉地遥望时隐时现的远方，向往难以预测的明天和未来，却看不到眼前的景色。直到很久之后，我们才发现，当我们拼命地追赶未来的幸福时，却不知不觉错过了身边的阳光明媚、鸟语花香。

幸福是抓住眼前所拥有的生活，而不是向往和等待未来难以企及的美好。可是，生活中的很多人却不明白这个道理。我们经常会听人说：等我事业有成之后，一定会谈一场轰轰烈烈的恋爱；等我拿下这个客户之后，一定要到美丽的三亚好好放松一下；等我谈完这笔生意之后，一定要好好陪陪妻子和孩子；等我买房之后、等我退休之后、等我……

我感到十分困惑，为什么所有的事情不能现在做？为什么要等遥远的将来？要知道，人生充满了太多的变化和不确定，永远不知道下一秒会发生什么，为什么要将自己的生活和幸福

交给难以预测的未来？我们为什么要牺牲现在的时间，去换取未知的未来？为什么不珍惜现在拥有的生活，却向往未来的幸福？

每天忙于工作、忙于应酬的我们，根本没有时间陪伴自己的妻儿和父母，总是借口做完这次生意之后，便留出时间陪伴家人，然而工作总是做不完、生意总是谈不完的。等到我们醒悟的那一天，才发现儿女已经长大成人、父母已经满头白发。

幸福不是畅想美好的未来，而是抓住现在每一个幸福的瞬间。幸福不是未来的承诺，而是抓住眼前的人和幸福。

三毛第一次与荷西见面，荷西正在上高三，两人一见钟情。荷西说要三毛等他六年——四年的大学和两年的服兵役时间。三毛没有答应荷西的请求，因为六年的时间太漫长了，一切都有可能改变。六年的时间里，三毛和荷西很少联系，三毛甚至认为这一生再也不会遇到荷西。然而，六年后的一天，三毛在朋友家又遇到了满脸络腮胡子的荷西，她开心地问荷西："六年前你要我等你六年，如果我现在答应，会不会太晚了？"荷西十分兴奋，将三毛带到了自己的住处，三毛发现屋子里贴满了自己的照片，那些都是六年来荷西从三毛朋友那里搜集来的。就这样，他们幸福地生活在一起了，之后一起相伴流浪了六年，直到荷西因为一次事故去世。

6年前，三毛没有答应荷西的请求，是因为她知道未来是变化莫测的，没有人知道明天会发生什么，更何况是6年漫长的时间。6 年后，荷西归来，三毛立即答应了和荷西在一起，因为她知道，现在的荷西是触手可及的，如果自己不抓住眼前的幸福，那么将来也许再也遇不到荷西那般爱自己的人了。试想，如果三毛当年答应了荷西的请求，那么长久分隔两地的人，可能因为种种矛盾而分开，那么三毛就不会收获美好的爱情了；如果三毛 6 年后没有紧紧抓住眼前的幸福，那么我们就不会看到她与荷西那段浪漫而凄美的爱情了。

曾经看过一个笑话：一个整天忙于工作的父亲，很少有时间陪孩子。有一天，父亲早早完成了工作，便来到儿子的小学门口接孩子放学。可是，等到所有的学生都走光了，也没有看到自己的儿子。父亲十分愤怒，回家责备儿子为什么逃学，儿子万般委屈地说道："爸爸，你有多长时间没接过我了？现在我已经上中学了。"故事中的父亲令人发笑，也令人唏嘘。生活中，有很多这样的父母，他们总是想要给儿女创造最好的环境，想等条件优越之后再享受与孩子相处的美好时光。殊不知，不知不觉中，已经错过了与孩子相处的最美好的时光。无论何时与孩子玩耍都是最美好的事情，为什么非要等到以后呢？

年轻时，我们遇到心爱的人，却因为自己贫穷、一事无成而不敢表白。等到我们事业有成之后，才发现曾经心爱的姑娘早已嫁作他人妇。年轻时，我们想要到远方游玩，却因为没钱而放弃。等到我们有了钱之后，才发现自己已经被事业、家庭、孩子牵绊住，根本没有游玩的时间和精力。

人生最美好的时间不是明天，也不是未来，而是今天，是此时此刻。若将自己的幸福寄托在"等我成功以后""等几年以后"，我们就会不知不觉失去许多可能的幸福。生命中美好的东西都是短暂的，我们应该珍惜现在所拥有的一切。不要等到未来，因为到那时，美好的东西也许就消失不见了。

不是所有葡萄都能酿出琼浆

成功的人生并不在于你选择什么，而在于你舍弃什么、不选择什么。舍弃是一种智慧，也是一种人生境界，我们只有懂得了什么该舍弃、什么该选择才能有所收获。

我们只有舍弃平坦宽阔的大路，选择僻静悠远的小路，才能欣赏到鸟语花香的风景；我们只有舍弃名利财富的诱惑，选择舒适轻松的生活方式，才能享受无拘无束、自由自在的生活。

一位朋友曾经对插花十分感兴趣，我看着她将一朵朵美丽的花朵剪掉，不无惋惜地说："剪掉这么美丽的花朵，简直是太可惜了！"朋友却笑着说："这些花确实美丽，却影响插花的整体美观。虽然我将它从这根枝条上剪除，却可以根据其线条插在另外一面。"确实，如果我们不剪掉多余的花朵、不舍弃不适合的花朵，那么怎么能保证插花的完整性，怎么能完成出色的作品？

我国台湾作家吴淡如说得好："好像要到某种年纪，在拥有某些东西之后，你才能够悟到，你建构的人生像一栋华美的大厦，但只有硬体，里面水管失修、配备不足、墙壁剥落，又很难找出原因来整修，除非你把整栋房子拆掉。你又舍不得拆掉。

那是一生的心血，拆掉了，所有的人会不知道你是谁，你也很可能会不知道自己是谁。”

生活中，不适合我们的东西实在太多太多，不属于我们的东西也太多太多。我们想要赢得完美的人生，最重要的就是要学会选择和舍弃。

法国有一位调配师，在著名的干邑酒厂担任总调配师，所酿造的葡萄酒深受人们的喜爱和追捧。他拥有一座自己的酿酒庄和葡萄园，还有三个儿子。一天，他将三个儿子叫到身边，郑重地宣布：我做了一辈子调配师，酿酒酿了一辈子，现在年纪老了，决定将珍藏二十年的2 000瓶顶级原酒交给大儿子继承；将现在拥有5 000棵名贵葡萄树的葡萄园以及酿酒庄留给二儿子继承。然而，他却没有提到小儿子保罗。

两个儿子听完父亲的话后异常高兴，纷纷谢过父亲后离去。屋内只剩下小儿子保罗，保罗虽然觉得父亲的做法不公平，但他深知父亲的决定不会轻易改变，所以站在原地什么也没说。这时，父亲笑着对保罗说:“你想知道我将送你什么吗？”保罗摇着头说:“如果您想告诉我，就一定会说的。如果您不想告诉我，我着急也没有用。”随后，父亲带着保罗走进酒窖，并且教导他如何将新采摘的葡萄洗净、装进橡木桶，然而仔细地密封好……

第二天，父亲带着保罗走进葡萄园，指导保罗采摘新鲜的葡萄。然而，父亲采摘葡萄的方式却与他人不同，他拿着特制的手电筒照射葡萄架上的每一颗葡萄，然后将那些无法被光照亮果囊的葡萄摘除掉。保罗看着一颗颗被扔掉的葡萄，不解地问道：“这些葡萄颗粒饱满、果实硕大，摘掉多可惜啊！”

父亲却笑着说：“这些葡萄虽然果实饱满，然而要么皮太厚、要么肉太厚。如果用它们酿酒，会加重酒的苦涩和杂气，影响整桶酒的品质和等级。”父亲还告诉保罗，并不是所有的葡萄都能酿成琼浆，那些不适合的葡萄会降低美酒的品质和品相。

从此之后，保罗开始认真地与父亲学习酿酒的知识，从葡萄的种植、采摘到榨汁、蒸馏，再到葡萄酒的陈化、调配，每一道工艺、每一个程序，保罗都仔细地斟酌、探索。很快，保罗就掌握了酿酒的工艺秘诀，调配出了品相良好、香味醇厚的好酒，得到了众人的赞赏。

后来，该地区举办品酒大赛，每个酒庄可以选派一人参赛，优胜者将被评为首席调配师。保罗心想，父亲一定会让自己参赛，自己一定能独占鳌头，为家族酒庄争光。可是，令他没有想到的是，在大赛举办的前夜，父亲却决定让大儿子参加比赛。

保罗气愤地找父亲理论：“您每天都指导我酿酒，现在我掌握了所有的秘诀，为什么您却让大哥参加比赛？难道只有大哥才能取得优秀的成绩吗？”

父亲静静地看着他，等到他平复心情之后才说：“我自有道理，你按照我的吩咐做就行了！”说完，父亲就离开了。保罗得不到父亲的认可，伤心之下决定离家出走，到外面去闯荡。他精心调配了一款自己满意的葡萄酒，向其他酒厂毛遂自荐。一开始，酒厂对他的酒赞不绝口，可是当他们得知他父亲的名字后，便毫不犹豫地拒绝了他。保罗走遍了数十家酒厂，却没有一家愿意聘请他。无奈之下，他只能心灰意冷地回家。

等到他回家之后，看到了父亲留给他的一封信：“保罗，你一定在埋怨我只给哥哥们留下财富，却什么也没给你留下。其实，我留给你的财富远远超过他们，那就是我做了几十年的总调配师位置。我已经正式向干邑酒厂推荐了你。想要成为出色的调酒师，就必须不被名利所诱惑。我将所有的财富留给你的哥哥们，故意不让你参加比赛，还与其他酒厂打招呼，让他们拒绝你的申请，目的就是让你学会以坦然之心面对失败和挫折。你只有懂得了什么该舍弃、什么该选择，一心专注于酿酒，才能成为真正出色的调配师。”

此时，保罗才明白父亲的良苦用心。原来，并不是所有的葡萄都能酿成琼浆，想要酿出出色的美酒，首先要做到的就是摘除那些不适合的葡萄。而人生也是如此。人生最大的财富不是看你拥有什么，而是懂得什么该选择、什么该舍弃。

一株葡萄藤可以结出无数颗葡萄，但并不是所有的葡萄都适合酿造美酒。那些颗粒饱满、果实硕大的葡萄确实诱人，很难让我们忍心舍弃它们，可是如果不忍痛舍弃它们，就会影响整桶美酒的味道和品级。不选择、舍弃这些诱人的葡萄是很难的事情，但正是因为做到了如此，那些出色的调配师才能酿造出醇厚的美酒。

酿酒的关键在于不选择和舍弃，人生也是如此。我们生命之中的很多东西都如颗粒饱满的葡萄一样诱人，诸如金钱、名利、财富、爱情等，各种各样的选择和诱惑摆在我们的面前，使我们无法舍弃那些不属于自己的名和利，也无法不选择诱人的财富和爱情，结果让自己的人生被物质所累。

就是因为我们舍不得放弃对权力和金钱的追求，舍不得已经得到的东西，更舍不得那些“颗粒饱满的葡萄”，所以我们的人生才无法收获更美好的东西。其实，舍弃并不意味着失去，如果不舍弃不适合的葡萄怎么能酿造出美酒琼浆？如果不舍弃不属于自己的名利、财富，怎么能获得更大的成功？

热衷于物质，却迷失了自己

如果你拥有一笔财富，你会做什么？辞掉工作，与家人享受惬意的生活？做自己喜欢做却没有机会做的事情？还是放慢自己的脚步，享受人生？

然而，很多拥有财富的人却没有选择上面的任何一件事情。有些人想要追求更多的财富，让自己变得更富有；有些人想要过上居住豪华别墅、乘坐宝马香车的生活；有些人甚至想过追求高档名牌、享受山珍海味的生活。总之，大部分人心中塞满了欲望和奢求，不是想要追求更多的财富，便是想要追求更多的物质享受。

的确，我们对物欲的追求太盛了，从而失去了清净的本心。没有财富的想赢得财富，有了财富的想得到更多财富，有了更多财富之后还想当官，当了小官的想当大官，当了大官的想得到更多……总之，人心永远没有满足的时候，欲望的沟壑永远没有填满的时候。慢慢地，我们的人生被物质和欲望支配，逐渐被贪婪和欲望俘虏，逐渐失去了最初的本心，甚至迷失了自己。

工作中，我们总是想得到更高的职务、待遇，所以每天费尽心思、拼命争取；我们总是想得到更多的钱财、更大的权力，所以每天辛苦奔波，甚至溜须拍马，丢掉做人的尊严和原则。我们不妨扪心自问，这样辛苦经营地生活，不累吗？这样被欲望和物质沉沉压着，不精疲力竭吗？

其实，人生最大的苦恼，不在于自己拥有的太少，而在于想得到的太多。想得到本身不是坏事，但是想得到太多，就会造成失望和不满。如果我们贪图过多，就可能瞬间将原本所拥有的一切都输光。

有一次，与朋友前往郊区游玩，偶遇一处幽静寺院，我们便前往礼佛参拜。在庭院中休息时，看到亭中悬挂一口大钟，朋友便想撞钟祈福。经过询问看钟人得知，撞一次钟需要交两元钱，每人可以撞三次。于是，我们几个跃跃欲试。我们用足力气用悬挂的圆木撞钟，每撞一次，大钟就会发出洪亮的声音。每撞一次，看钟人就会高声喊道："一撞身体棒，二撞保平安，三撞财运旺。"

等到最后一个朋友撞钟时，他得意地撞了三次大钟。可是撞完之后，他看到看钟人正与他人闲聊，便乘其不意多撞了一次。正当他暗自窃喜之时，看钟人惊讶地喊道："不是说只能撞三次吗，你怎么能撞四次呢？"朋友不以为意地说："不就是多撞一次吗，有什么大惊小怪的？"

看钟人哈哈大笑说："这个便宜是不能赚的。你刚才那三次等于白撞了。"

朋友不解地问道："为什么不能撞四次？"

看钟人说："佛家云：四大皆空啊！"朋友听完之后面红耳赤地愣在那里，而围观的人则哄堂大笑。

我们总是想得到更多的东西，而且往往因为得不到想要的东西而沮丧。其实，即便我们一生都辛辛苦苦地奔波劳碌，最终埋葬我们身体的不还是那点儿土地吗？因为想得到更多的东西，而失去现在所拥有的一切，岂不是得不偿失？

不知道你是否听过这样一个故事：很久之前，有一个经常做梦发财的年轻人。也许是上天的眷顾，他得到了一张藏宝图，显示在森林深处有几处宝藏。年轻人立即拿着藏宝图开始了自己的寻宝之路，还特意带上了几个装宝物的大口袋。

年轻人穿过荆棘，蹚过河流，历经千辛万苦，终于找到了第一处宝藏。看着满屋的金币，他兴奋地拿出大口袋，将所有的金币都装进了口袋。当他离开小屋之时，看到门框上写着一行字："知足常乐，适可而止。"

然而，年轻人却不以为意地说："傻瓜才会丢下这闪光的金币。"随后，他立即前往第二个藏宝地点。很快他就发现了一堆金条。他依旧将所有的金条都放进自己的口袋，当他拿起最后一根金条时，看到上面也刻着一些字：放弃下一处宝藏，你会得到最宝贵的东西。

年轻人丝毫没有在意金条上的告诫，迫不及待地走向第三处宝藏。令他震惊的是，这里有一颗拳手般大小的钻石，贪婪的年轻人立即将这块钻石放入口袋。同时，他发现原本放钻石的地方下面有一扇小门。此时，贪婪已经蒙蔽了年轻人的心智，使他丧失了理智，他打开那扇小门，毫不犹豫地跳了进去。可是，等待他的不是更多的金银财宝，而是无底的流沙。最后，年轻人与那些金币、金条、钻石一起消失在流沙之中。

很多人会说：“这个人实在是太贪婪了。如果他看到任何一个提示后马上离开，都会获得大笔财富。或是他在跳下去之前多想一想，也会成为拥有巨大财富的富翁。”也有些人会说：“年轻人并没有适可而止，正是那颗贪婪之心，使他走上了一条不归之路。”

法国杰出的哲学家卢梭曾说：“十岁时被点心、二十岁被恋人、三十岁被快乐、四十岁被野心、五十岁被贪婪所俘虏。人到什么时候才能只追求睿智呢？”在追求财富和物质的过程中，我们渐渐迷失了自己，逐渐失去了人生的幸福和快乐。

古人云：“达亦不足贵，穷亦不足悲。”陶渊明荷锄自种，嵇康树下苦修，两位古人虽然身为贫寒之士，却做到了于利不趋、于色不近、于失不馁、于得不骄，甘心过着贫穷自在的生活，追求品德的高尚和内心的自由。这样的生活，也别有一番滋味！不要因为过于追求物质和欲望，而丧失了自己的本心，更不要在人生中迷失自己！让我们斩除过多的欲望吧，当我们不再热衷于物质和欲望时，人生最真实的快乐才会浮现，我们才能活得更加轻松、更加自在。

错过了，终究是不属于你

“曾经有一份真挚的爱情摆在我面前，我没有珍惜，当失去的时候才后悔莫及……”当至尊宝深情地对着紫霞仙子说出这段话的时候，很多人留下了感动的泪水，你是不是也是如此？

当我们错过心爱的人时，我们会后悔不已；当我们错失美好的爱情时，我们会伤心流泪。然而，失去了就是失去了，错过了就是错过了，无论我们再后悔、伤心也挽回不了。就像是至尊宝错过了与紫霞仙子的爱情，当他成为孙悟空之后，面对紫霞仙子的死去和坠落，即便是他极力想要挽回也无济于事。

错过了，就不要后悔，就不要念念不忘，因为后悔不能改变现实，只能使我们的生活阴云密布。我们应该记住卡耐基的话："要是我们得不到我们希望的东西，最好不要让忧虑和悔恨来苦恼我们的生活。且让我们原谅自己，学得豁达一点儿。"

朋友曾经说自己有一个青梅竹马的伙伴，两人无忧无虑地度过了小学、中学时光。也许那时，他们并不知道什么叫作喜欢、什么叫作爱情，但是却喜欢与对方在一起的感觉。后来，男生离开了我们所在的城市，而朋友总是以为男生会像小说中的男主角一样回来找她，总是陶醉于那些美好而又陈旧的回忆。

几年之后，男生确实回来了，但是身边却多了一位美丽可爱的姑娘。朋友"失恋"了，失去了美好的爱情，所以她经常独自流泪，回忆以往快乐幸福的生活，经常缅怀自欺欺人的爱情。直到有一个雨夜，身边的一位同事为她披上外套的时候，她才发现自己一味沉浸在自己营造的美好回忆之中，而忽略了身边关心自己的人，也错过了生命中很多美丽的风景。

从此之后，朋友不再沉浸于回忆之中，不再缅怀那份没有开花的爱情，她开始重新过自己的生活，享受眼前幸福的生活。现在，朋友拥有美满的家庭、心爱的丈夫和可爱的孩子，而丈夫就是当年为她披上外衣的同事。

朋友经常感慨地对我说："我以为错过了人生中最美好的爱情，所以沉浸在以往的美好回忆之中而不能自拔。渐渐地，我错过了很多的美丽风景，也忽略了身边的很多人。当我想明白的时候，才发现原本念念不忘的爱情是那么苍白无力。"

人生就像是一列单程火车，我们总会错过很多东西，曾经的恋人、升迁的机会，甚至是回家的班车，以及昨天温暖的阳光……这所有的一切都将一去不复返。所以，我们不必为那些错过的事物悲伤，而应该为自己拥有的一切而喜悦。

我们错过了美丽，还拥有健康；错过了健康，还拥有智慧；错过了智慧，还拥有美好的阳光；错过了美好的阳光，我们还可以拥有美好的心情……我们与其沉浸在错过和失去的痛苦之中，不如珍惜眼前的人和物，不如向往美好的未来。这样一来，我们的人生才会充满美好和希望。

只有属于自己的风景，我们才能够不错过；而那些不属于自己的风景，我们只能任其从身边溜走。天地如此广大，我们如此渺小，并不是所有美丽的风景都能被我们拥有。所以，我们只要追求一道令自己流连忘返、适合自己的风景就足够了。就像美国作家简·吉尔伯逊说的："如果你渴望得到某样东西，你就必须给它以自由，如果它回来了，它就是你的；如果它没回来，无论怎样你都永远不会真正得到它。"那些曾经错过的人和物，注定终究是不属于我们的。既然这些人和物注定不属于我们，我们又何苦苦苦地追求呢？又何苦念念不忘呢？

有时候，执着是一种负担，放弃了反而是一种解脱；有时候，执着是一种束缚，放弃了反而会获得一种自由。好好享受此时此刻的生活，当我们与那些美好擦身而过的时候，应该学会遗忘，抬头看一看蔚蓝的天空，相信时间将带走所有的一切。

我们经常说："没有什么事情是过不去的。"的确，所有的事情都会过去，那些过不去的事情，是因为我们心中不明白，仍想要找回失去的东西，仍想改变事情的结局。其实，过不去的不是曾经的事情，而是我们不想忘记、不想错过的心情。

我们经常为错过而痛心疾首，经常为错过而耿耿于怀，可是这些又有什么用呢？世界原本并不完美，留些遗憾反而是好事，它可以使我们保持清醒的头脑，可以促使我们奔向更美好的未来。没有皱纹的祖母最可怕，没有遗憾的过去无法链接人生。我们不妨坦然地面对人生的缺憾，以平常之心看待那些错过的人和事。如果我们纠缠于过往而后悔不迭，或是一蹶不振、自暴自弃，这样的做法才是真正的蠢人之举。

那些错过的人和事，我们就随着时间的流逝而慢慢地将它们遗忘吧。这样，我们才不会将自己遗留在过去，才能痛痛快快地享受现在，才能自由自在地追求美好的未来。正是因为错过了青涩的爱情，我们才能变得越来越成熟；正是因为错过了曾经的恋人，我们才能珍惜眼前的爱人。这就是古人所说的"失之东隅，收之桑榆"！

昨天的阳光再美，也无法照耀今天

过去的事情已经过去，即便我们再难以忘怀也无法挽回。就像昨天的阳光再美，也无法照耀今天一样。生活不可能重复过去的岁月，即便今天的阳光如同昨天一般灿烂温暖，那它也不是昨天的。我们为什么不把握好现在，珍惜此时此刻的美好时光呢？我们为什么要将大好的时光都浪费在怀念昨天之上呢？

幸福不是昨天，幸福就在当下。早上醒来，看见明媚的阳光，我们应该感叹阳光的美好；早上醒来，看见窗外飘着细雨，我们也应该感叹细雨的情调。即便窗外电闪雷鸣、暴雨如注，我们也应该欣赏这大自然的交响曲。幸福就在今天，幸福就在此时此刻，无论窗外是蓝天还是阴天，我们都应该感叹今天的美好。

连续几天的晴天让我们感受了阳光明媚的美好，于是三五个好友相约一起攀爬郊区的高山，呼吸呼吸山区新鲜的空气。然而，天不遂人愿，就在我们出游的那天，阳光竟然被乌云遮挡，天空也变得阴阴沉沉的。但是好友还是决定执行当初的计划，我心中开始有些失落和抱怨，抱怨晴天竟然与我们爽约，抱怨这乌云遮住了大好阳光。可是，最令我沮丧的是，当爬到山腰的时候，天空竟然飘起了小雨。我们站在山腰左右为难，上也不是下也不是，甚至有人抱怨可恶的阴雨打碎了我们的计划，毁掉了我们的好心情。我干脆生气地说："直接下去吧。这阴雨连连的鬼天气，爬什么山啊！"

"雨中爬山也很有趣啊。我们才学习了《雨中登泰山》，所以今天特意来爬山，领略雨中登山的乐趣，看看是不是可以看到李健吾所说的美景！"我回头一看，几名穿着校服的中学生正兴致勃勃地攀登，看见我们时还笑着说："你们也可以加入我们哦！"

我与好友面面相觑，顿时大笑起来，难为我们已过而立之年，在社会上闯荡多年，竟然不如几个中学生淡然豁达。于是我们决定跟在中学生后面，继续向山顶攀爬。虽然山路比以往泥泞，比以往更难走，但是我们的步伐却比刚刚轻松。虽然我们浑身淋湿，狼狈不堪，但是内心却轻松愉快。

静下心来，倾听细雨霏霏，山林之中散发着特别清新的气味。两边草叶上挂着晶莹的雨珠，显得格外美丽，耳边还响着清脆的鸟声。而最美丽的便是两旁的花朵，花瓣上汇集了晶莹剔透的水珠，尤为美丽动人。不知不觉，我们便登上了顶峰，此时，除了那几个中学生还有几个登山者，大家都在感叹，原来雨中登山真的别有一番韵味。从顶峰向下望去，云雾缭绕，远处的山峰若隐若现，近处的山峰好像被冲洗过一样，使我们的心情立即清新明朗起来。这时，中学生大声地欢笑道："雨中登山，真是太美妙了！"而身边的我们也露出了会心的微笑。

我们经常说，享受午后的阳光是最幸福的事情。但是，欣赏清朗的月光、霏霏的细雨、皑皑的白雪又何尝不是一件幸福的事情？对于我们而言，无论是晴天还是雨天，用心感受生活，用心享受此时此刻的快乐，才是最幸福的事情。

我们经常感慨昨天的阳光是多么灿烂，总是哀怨今天的阴雨多么令人讨厌。然而，即便昨天的阳光再明媚也无法移到今天，即便再向往昨天的阳光，也无法驱赶今天的阴雨。所以，不如放下心中的抱怨和哀愁，静下心来倾听窗外的小雨，我们会觉得小雨就像是生命的呢喃，可以驱赶我们心中的烦躁，可以使我们的内心逐渐泛起欢畅的涟漪。既然昨天的阳光不可能追回，我们又何必念念不忘，用心享受这细雨的欢畅不是很好吗？

一位心理学老师在给学生上课时，拿出了一只精美的水晶杯，当学生们正欣赏这只漂亮的水晶杯时，老师却故意将杯子摔在了地上。学生们顿时发出一阵惋惜声，然而，老师却不动声色，只是命人将破碎的水晶杯打扫干净。这位老师笑着对学生们说："水晶杯已经打碎，即便我们再惋惜也无法使它恢复原状。就像昨天已经过去，无论我们做什么也无法使时光倒流一样。"

生活中，我们经常为无可挽回的事情惋惜、懊恼，为打翻的牛奶哭泣、为枯萎的鲜花惋惜、为昨天的失败懊恼……这时，不妨想想那破碎的水晶杯，不妨想想那昨日的阳光。过去的就是过去了，既然不能让时光倒转，既然无法挽回，就珍惜现在所拥有的东西吧，就珍惜今天的美好吧！记住，昨天的阳光再美再灿烂，也移不到今天，只有现在值得你珍惜，只有此时此刻值得你享受。

珍惜你拥有的，幸福就在你身边

法国哲学家卢梭说："幸福就是在银行有一笔可观的存款，就是有好的胃口，并且有条件尽情享用各种美食。"

幸福本没有绝对的定义，也没有固定的形式。有些人觉得拥有一笔财富，享受舒适的生活，就是人生最大的幸福；有些人却认为与家人享受安静、平淡的生活，居住于亲手搭建的房屋，品尝亲自种植的蔬菜，在蓝天白云下散步，就是人生最大的幸福。其实，幸福就是在你需要的时候得到满足，就是享受当下美好的生活。

有这样一个故事：在美国兴起淘金热之时，两个墨西哥人跟随淘金大军前往密西西比河追寻自己的黄金梦。后来，这对朋友因为意见有分歧而不得不分道扬镳，因为一个人认为阿肯色河可以淘到更多的金子，而另一个人则决定到俄亥俄河寻找发财的机会。

十年之后，前往俄亥俄河淘金的人果然发了大财，他在那里找到了大量的金沙，从此便在那里落脚生根。而他在那里发现金沙的消息很快传播开来，全国各地的淘金者蜂拥而至。经过十年的发展，这个人拥有了巨额的财富，并且在当地修建了码头、铺就了公路，而他发家的地方也从一个荒无人烟的小地方发展成为人口密集的大城镇。

然而，前往阿肯色河的那个人好像并没有那么幸运。自从他们分道扬镳之后，这个人就没有了任何音讯，有人说他已经葬身河底，有人则说他一无所获地回到了墨西哥。

直到五十年后，人们才知道了事情的真相。当时，一块重达27千克的自然金块出现在匹兹堡，那是美国目前为止发现的最大的自然金块，所以在美国境内引起了巨大的轰动。一位记者对这块金块进行了跟踪报道，他发现这块金块并不是出产于匹兹堡，而是阿肯色州。一位年轻人在他家屋后的鱼塘中发现了这块金块，后来他看到祖父的日记才知道，原来这块金子是祖父亲自扔到鱼塘中的。

人们心中不禁充满了疑惑，年轻人的祖父为什么将珍贵的金块扔在鱼塘之中呢？

后来，《新闻周刊》刊登了年轻人祖父的日记，其中说道：昨天，我又发现一块很大的金块。我要将它卖掉吗？那样，就会有成千上万的淘金者涌向这里，我们宁静、自由的生活将彻底消失。我和妻子亲手搭建的房子，我们辛辛苦苦开垦的菜园，屋后的鱼塘，都将不复存在。以后我们再也无法享受傍晚的火堆、美味的炖肉，还有树林、天空、草原、山雀。这里的生活是那么平静和美好，这不正是我所向往的生活吗？所以，我宁愿将这块金子扔进鱼塘，也不愿眼睁睁地看着我们已经拥有的生活从眼前消失。

这时，我们已经知道了，年轻人的祖父就是当年的另外一位淘金人。在每个人都拼命地追求金钱，当所有人都做着黄金梦的时候，这位淘金者竟然将珍贵的金块扔掉。可是，我们不得不说，与当年的朋友以及所有的淘金者相比，他才是真正淘到真金的人。

我们人生中大部分的美好事物，都是短暂易逝的，所以我们何不尽情地享受它们，珍惜自己所拥有的一切？为什么因为那些难以企及的事物而放弃自己所拥有的一切呢？

生活中，我们总是觉得自己不幸福，总是想要追求更大的幸福，却不知道幸福就在我们身边，幸福就是珍惜我们所拥有的一切。有些人不懂得在幸福的时候享受幸福，更不懂得在苦难的时候回味幸福，所以他们总是看着遥远的未来，希望找到幸福的人生，却从来不肯低头看看眼前所拥有的一切。所以，他们总是让幸福从自己的身边溜走，总是错过本已到手的幸福生活。

珍惜自己所拥有的，快乐地享受当前的生活，幸福就会始终跟随自己。有时候，我们总是等到失去的时候才懂得珍惜。其实，幸福就在我们的身边，当我们肚子饿的时候，一碗热腾腾的面条放在我们面前，这就是幸福；当我们疲惫不堪的时候，躺在软软的床上舒舒服服地睡上一觉，这就是幸福；当我们心情沮丧、泪流满面的时候，朋友或是爱人在旁边温柔地递上一张纸巾，这就是幸福；当我们穷途末路时，有朋友给予我们鼓励和帮助，这就是幸福；当我们口干舌燥、闷热无比的时候，能够喝上一杯冰镇汽水，这就是幸福……

我们所拥有的一切，都是生活中的幸福。其实，幸福就是这么简单，珍惜现在我们所拥有的，满足于我们所拥有的一切，我们就是世界上最幸福的人。

经常在公园中看到一对老人，虽然他们生活贫寒，但是我却觉得他们是最幸福的人。这对老人年纪已经很大了，头发已经全白，步履还有一点儿蹒跚，每个阳光明媚的午后，他们都会悠闲地在广场上散步。开始，我并没有注意到这对老人，因为公园中有很多这样散步的老人。可是有一天，我突然发现，他们竟然如同年轻恋人那样手牵着手，男人紧紧地握着女人的手，而女人则紧紧地跟着男人。

他们的衣服看起来有些破旧，男人还背着破旧的背包，但是他们脸上充满着满足感和幸福感。很多次，我都发现男人小心翼翼地拿出背包中的水瓶，打开瓶盖之后递给女人喝水。每次我都羡慕地看着他们，心想，这就是人们常说的相濡以沫吧。虽然他们生活贫困，虽然他们已经衰老，却可以活得悠闲自在，与相爱的人相互扶持、相互照顾，享受每天午后的阳光，这就是他们所拥有的最大幸福。

幸福真的就是这么简单，只要我们用心地享受现在的生活，只要我们怀有一颗渴望幸福的心，幸福就已经在我们身边了。其实，人生的幸福就是人生的一部分，往往刻意追求却得不到，如果我们认真地生活，幸福快乐就会永远跟随着我们。我们所拥有的生命，我们身边的父母、朋友、亲人，我们感受到的温暖阳光、蓝蓝的天空、广阔的大地，甚至是生活中的悲伤和痛苦，都是幸福生活的来源。我们只有去发现和把握，珍惜所拥有的一切，幸福才会源源不断地向我们涌来。

放不下的不是手中之物，而是心中的欲望

在古老的印度，人们经常会使用一种独特的方法捕捉猴子。他们会制作一个特殊的小木盒，里面装满猴子最喜爱的坚果，然后在盒子上方开一个小洞，猴子的手刚好能够伸进去。不过，猴子的手一旦握住坚果攥成拳头，就很难拿出来。这个方法十分简单，却总是能够抓住猴子。因为猴子明知放下手中的坚果就可以将手拿出来，却不肯放下手中的东西，最终被捉住。

我们总是嘲笑猴子的愚蠢，但是审视一下自己，我们又何尝愿意放下抓在手中的东西呢？在逛商场的时候，我们总是左手拿着一件衣服，右手拿着一件衣服，左右摇摆，放下这件舍不得，放下那件也舍不得。最后一狠心两件都买回来，可是回到家之后才发现，两件原本是同一风格、同一款式，穿上的效果也不尽如人意。我的衣柜中就有很多这样的衣服，相信你也是如此吧！可爱的女士们！

有时，我们想要过轻松自在的生活，却总是放不下到手的职务和待遇，最后不仅工作没有进展，生活也是疲惫不堪。

一个朋友是典型的“白骨精”，在一家不错的公司担任经理助理。由于工作出色，总经理有意提拔她担任另一部门的经理，朋友十分兴奋，立即将这个消息分享给自己的丈夫和朋友们。

然而，几天之后，我再看见她时，她却没有了当初的兴奋。原来，前天她发现自己怀孕了，丈夫十分想要留下这个孩子，她也矛盾不已。这次升职的机会十分难得，如果失去了恐怕就再也没有机会了。然而，如果她放弃了孩子，以经理职位的工作强度和压力，恐怕几年之内都不可能有精力生孩子。为此，他们夫妻发生了结婚以来最大的争吵。

家庭、孩子、事业，孰轻孰重，真的很难抉择。我相信这也是女性白领阶层共同面临的问题。其实，这个问题很难解决，也很好解决，关键在于你是否有舍弃一方面的勇气。

年少的我们曾经苦苦迷恋某一个人，尽管对方冷漠无比，但是我们仍无法改变自己执着的心。我们在别人面前很好强，但是在他或是她面前，总是那样的低声下气，希望能够得到对方感情的回应。尽管朋友们都说我们这样下去一点儿用也没有，只会自讨苦吃，但是我们还是放不下，甚至为某个人浪费几年的光阴，以致错失了人生中最美好的时光。当我们成熟之后，回头看看当年的自己，才发现自己是那么可笑、那么可悲。其实，我们放不下的不是某个人，而是自己心中强烈想得到的欲望。

从前，有一位战功显赫的将军，别人送给了他一樽珍贵的夜光杯。此杯晶莹剔透，夜晚会发生幽绿的微光，将军特别喜欢它，爱不释手。一次，夜光杯不小心从手中滑了下来，幸亏将军身手敏捷地接住了它，但是也惊得一身冷汗。将军不免感慨万千：我一生戎马，纵横沙场，即便面对千万敌军都没有一丝胆怯，如今却被一樽杯子吓得胆战心惊，也许是我太爱惜这杯子的缘故吧。

将军思索了一会儿，立即将夜光杯摔得粉碎。

将军摔碎的岂止是手中的夜光杯，还有内心的欲望和重负。正是因为我们渴望的东西太多，放不下的东西太多，所以生活中才会充满了不舍、无奈和痛苦。在我们渴望得到更多的过程中，我们已经不知不觉失去了人生本来的淡然和快乐。放下手中之物，放下心中的欲望，我们的人生将会变得更轻松、更美好。

我们的生活就是不断得到、不断放下的过程。如果一味想要得到，却从不肯放下，那么我们的人生将沉重无比。人生中那些难以放下的东西，都将成为我们肩上的负担，使我们在行走时不堪重负，使我们的人生过得异常艰苦。如果不懂得放下眼前的东西，就会失去更多的机会，就难以收获更美好的未来。

第七章　没有了爱和希望，世界将变成灰色

如果一个人没有了希望，那么就如同行尸走肉一样；如果世界没有了爱，那么就会变成冷漠、灰色的世界，没有任何美丽的色彩。无论在任何时候、任何地方，都不要失去爱和希望，它们会让我们的生活犹如夏花般灿烂。

不舍一株菊，怎得满村飘香

当我们遇到高兴的事情时，都会迫不及待地与要好的朋友分享，让他们感受自己的成功和快乐。如此一来，我们才会更加有成就感、有幸福感。当然，我们遇到伤心的事情时，一般也会向朋友倾诉。我就曾经因为失恋，多次向闺蜜哭诉。所以说，将快乐的事情分享给大家，我们的快乐就会成倍地增长；将痛苦的事情倾诉给大家，我们的痛苦就会减弱很多。

部门有一个酷爱打高尔夫球的同事，每到周末都会约我们痛快地打几杆。有段时间部门正在策划一个重要的项目，所有人都加班加点，几乎连回家的机会都没有，更何况是休息娱乐。同事已经连着三周没有打高尔夫了，心痒难耐，最后实在忍受不住了，于是便谎称家中有急事向部长请了半天的假。那天下午，他心情愉快地来到久违的高尔夫球场，想要痛痛快快地打几杆。那天，幸运之神十分眷顾他，前几个球都打得十分完美，几乎是一杆进洞。同事很少取得这样好的成绩，心中兴奋不已，每打进一球都高兴得跳跃起来。然而，他的行为也招来别人的侧目，也许别人都在揣测：这个人怎么这么奇怪，独自一人来打球，还那么兴奋。

他根本不在乎别人怪异的眼神，心想这些人肯定是嫉妒自己的好成绩。随后，他又兴致勃勃地打了几杆，每次都是一杆就进洞，但是不久，他的心情就没有那么兴奋了，脸上也露出了不悦的表情。渐渐地，他失去了打球的好心情，最后怏怏地回到了部门，继续与同事们一起加班、一起熬夜。

后来，这个项目完成之后，同事和我们坦白了那天的事情。他感慨地说："开始每球都一杆进洞的时候，我确实兴奋不已。那天是我打球以来，成绩最好的一次。但是我取得了那么棒的成绩，却不能和任何人分享自己的喜悦，没有朋友在旁边为我鼓掌。这样的好成绩还有什么意义啊！"

是啊，取得成绩却没有人知晓，遇到高兴的事情却没有人分享，我们心中的成就感和幸福感自然会减弱很多很多。生活中，每个人都需要与人分享自己的快乐和痛苦，没有人分享，所有的一切就会变成痛苦的惩罚。

听过这样一个故事，一位老人在院子中种了一种珍贵的菊花，比普通的菊花开得更鲜艳，散发的香味也十分独特。老人每天都精心地松土、浇水，修剪枝叶，在老人的精心管理下，院子里的菊花越来越多、越来越茂盛。三年之后，老人原本荒芜的院子变成了菊花园，香味飘满了整个村子。村里的人无不称赞菊花的美丽和幽香，有人还开口向老人要了几株，想种在自己家的院子中。老人没有丝毫的不舍，且亲自动手给那人挑选了几株开得最茂盛、最鲜艳的菊花，亲自到那人家里帮忙栽种上。老人离开时，还特意交代那人应该怎样管理、何时浇水、何时剪枝。消息传开了，村里的人都来向老人讨要，没过几天，老人院子中的菊花就被送得一干二净了。

没有了菊花，老人的院子又变得荒凉起来。老人的儿女知道了此事，不禁抱怨说：“您花尽心思培育的菊花，全部送给了别人。原本满院的鲜花和花香，现在只剩下荒凉了，真是太可惜了。”

老人听完，不以为然地说：“这不是更好吗？虽然咱家院子没有了花香，但是却换来了满村的菊香。”儿女听了老人的话，心中顿时了然。如果不舍得一株菊花，怎么会得到满村的清香呢？

我们应该将美好的事情与别人分享，让每一个人都感受这其中的美好，这样一来，即便自己一无所有了，那么生活也是幸福的。分享是一种美德，也是一种幸福，正如萧伯纳所说：“你有一个苹果，我有一个苹果，彼此交换，每个人只有一个苹果；你有一种思想，我有一种思想，彼此交换，每个人就有了两种思想。”

善良的心，才能看到美丽的世界

日复一日，我们为了生活而奔波，久而久之，纷杂的想法和种种情绪占据了我们的内心世界。于是，我们的内心充满了对别人的算计和防备，充满了对社会的抱怨和不满，从而使自己丧失了最本真的善良之心。或者，有时候我们已经忘记了自己是一个善良的人。

有时候，当我们看到电视或是电影中的主人公命运悲惨时，我们会为主人公的悲惨和不幸而伤心流泪。但是在现实生活中，我们却不肯给予那些遭遇苦难的人些许帮助。有时候，我们会善待流浪的小狗、小猫，却对那些沿街乞讨的流浪者视而不见。有时候，我们希望别人能喜欢自己、赞美自己，却忘了用善良的心对待身边的人。

还记得当初轰动一时的“小悦悦事件”吗？一个普通的清晨，却成为人们最难以忘怀、最痛彻心扉的清晨。年仅两岁的女童小悦悦在家门口的巷子里被一辆面包车两次碾压，几分钟后又被一辆小货车碾压。然而，悲剧还没有停止，在小悦悦被碾压后的 7 分钟内，竟有 18 名路人视而不见，冷漠地离开现场。直到一位拾荒的阿姨发现了小悦悦，她才被抱回了妈妈身边。

一时间，良心的泯灭、冷漠的人心、麻木的人性成为人们谴责和反省的焦点。我们不禁深刻地反省，在物欲横流的社会，难道我们的心灵竟然堕落到这种地步了吗？难道我们的心灵已经没有了一丝良善了吗？

我们应该坚信，这不过是个例，不过是偶然。我们还应该坚信，这个世界还是充满着爱和善良。每个人的心底都有一颗善良的种子，只是我们忘记了用心浇灌它，所以它错过了开花的时节而已。善良是开在我们心灵上最美丽的花朵，以一颗善良的心看世界，我们的生活就不会出现伤害和冷漠。

著名京剧表演艺术家梅兰芳先生，不仅有着崇高的艺术成就，还拥有善良的心、高尚的美德，因此也赢得了“白玉无瑕”的美名。

梅兰芳出身京剧世家，从小就刻苦地学习京剧，还得到了很多梨园前辈的指导和提点。然而，在他功成名就之后，并没有忘记前辈的提点之恩，内心深处对这些前辈异常尊敬和感谢。

有一次，全国京剧名家聚集在上海浦东的高桥剧场演出。由于码头和高桥剧场还有一些距离，且道路泥泞，交通不便，梅兰芳和杨小楼同时到达码头后，花费了很长时间才等到一辆汽车。正当他们准备乘车离开的时候，年过六旬的龚云甫老先生步履蹒跚地从船上下来。梅兰芳见老先生身体不适，不忍让老先生独自等候，便立即让老先生与杨小楼先行乘车离开，自己则步行前往高桥剧场。老先生推辞说："畹华（梅兰芳先生的字），今天你的戏份很重，如果长途跋涉，到台上怎么能承受得住！"梅兰芳谦卑地说："我还年轻，身强力壮，您老就不用担心了。"说完，梅兰芳立即搀扶老先生上了车，自己则冒雨步行到剧场。

当时，梅兰芳已经是名震海内的京剧名旦，却依然保持着谦卑之心，时刻为别人着想。这样的美德确实难能可贵。然而更令我们赞赏的是，梅兰芳对待陌生人，甚至冒犯自己的人都怀有一颗善良之心。

抗战胜利后，上海一家小报纸刊登了一则广告：艺人梅兰芳卖画。显然，这是有人假冒梅兰芳的声名赚钱。梅兰芳的朋友都为梅兰芳抱不平，纷纷气愤地表示要找那家小报兴师问罪，声称一定要找出那位冒名者。

然而，梅兰芳却劝阻了他们，他淡然地对朋友们说："虽然这个人假冒我的名声赚钱，但是想必也是有点本事的人。或许他只是一个读书人，只不过运气比较差而已。"朋友们后来打探到了假冒者的来历，果然如梅兰芳所预料的一样。

梅兰芳之所以能获得人们的尊敬和爱戴，并不仅仅因为他的艺术成就，更是因为他拥有善待他人的广阔心胸。他并没有因为理解和宽容别人而失去什么，却同时给了别人生存的机会，自己也落得一个好心情，真是两全其美。

多一分宽容，就多一分理解；多一分善良，就多一分希望。你一个不经意的微笑，就可以给他人带来无限的温暖和希望；你一个不经意的关怀，就会温暖一个孤单的心灵。让我们心灵深处的善良的种子生根发芽吧，这样我们的人生才能开出灿烂的花朵。

身处沙漠，心中应怀一壶清凉的希望

一支探险队行走在茫茫无垠的沙漠中，队员们顶着炙热的太阳，踏着滚烫的沙土，每走一步似乎都要用尽全身的力气。最糟糕的是，队员们携带的水早就喝完了，每个人都口渴如焚，嘴角甚至干裂得出了血。望着茫茫的沙漠，队员们都觉得这次自己恐怕是走不出去了，甚至心中已经不抱任何希望了。

这时，探险队队长从腰间拿出一个水壶，对队员们说："这里还有最后一壶水，不过不到最危急的时刻，谁也不能喝。"队员们看着最后一壶水，疲惫苍白的脸上重新浮现出了笑容。队长将水壶递给一个队员，之后他们在手中小心翼翼地传递着这沉沉的水壶，仿佛这里面就是生机和希望。沙漠中阳光依然强烈，风沙越来越大，队员们的脚步依然沉重，但是他们的心中却充满了力量，因为他们知道队长手中还有救命的水。有好几次，队员们都要求队长给大家分些水喝，但是队长却说："前方的道路不知有多远，只要我们有一丝的力气，都不应该喝这壶水。"

几天后，探险队凭借顽强的毅力和心中的希望，一步步穿越了茫茫沙漠，挣脱了死亡线。他们的眼前出现了一小片绿洲，还有一个碧绿的小湖。他们兴奋地拥抱在一起，迫不及待地奔向不远处的湖水。他们喝饱了水，灌满了所有的水壶之后，突然想起了队长那壶给了他们希望和信念的水。然而，当他们回头时，看到队长拧开壶盖，倒出的不是清水而是满满一壶细沙。

队员们十分不解，队长微笑着说："所有的水早就喝光了，我看大家失去了走出沙漠的希望，于是就拿这壶沙子欺骗大家，希望大家能坚持下去。"队员们眼中立刻湿润起来，如果没有队长善意的欺骗，没有这壶"水"，大家怎么能跨越这茫茫的死亡线呢？

这壶"水"已经不是简简单单的水了，而是所有人生存、坚持的希望。所以，我们在沙漠中行走，壶中不仅要装满清水，更应该在心中装满一壶清凉的希望。希望是生命的力量之源，是激发激情的催化剂。我们只要活在这世上，心中便不可没有希望，只要心中有希望，生命便不会枯竭。

生活中的很多事情我们都无法预料，比如，几年前那一场突发的地震，让四川北川的无数人失去了生命、失去了家园。原本充满快乐和幸福的县城，被哭声和不幸代替。幸运的是，更多的人生存了下来，但是他们却也遭遇了人生中最悲惨的变故，他们或是失去了父母，或是被倒塌的楼压断了腿……可是这些并没有让那些珍爱生活的人们失去了生活的希望。

有一个富家子弟，拥有县城最大的金店，然而地震却夺走了他的一切，他彻底变成了穷人。面对满城的废墟，他不仅没有自怨自艾，反而多方筹集资金，与人合伙开了一个KTV，取

名为“从头再来”。逐渐地，他的生意越来越好，脸上也绽放出了彩虹般的笑容。

还有一个小姑娘，她不仅失去了亲爱的父母，双腿也失去了知觉。她从前最喜欢的就是唱歌和跳舞，现在却连站都站不起来。然而，几个月后，她竟然奇迹般地站了起来，笑着对人们说：“和那些失去双腿的人相比，我是幸运的。既然我保存了双腿，就不能让它成为摆设。”因为她没有放弃生活的希望，所以才战胜了病痛，战胜了自己。活着就有希望，只要我们的生命还在，只要我们没有失去双腿，就应该勇敢地站起来。

当我看到这则新闻时，想到了陈慧琳的《微光》。我从来不喜欢听那些流行歌曲，然而多少年来却对这首《微光》情有独钟。倾听着那美妙的旋律，感受着那令人容动的歌词，让我度过了无数失眠之夜，让我挨过了无数的失败和痛苦。

“如果幸福啊，看起来像一道微光。如此微弱啊，能否把所有的黑暗照亮。不要害怕，不要感到彷徨。我会在你身旁，陪着你走过这黑夜，守护这道幸福的微光。

尽管多久的时间，不放弃希望。手牵手直到一起看见，破晓的太阳。如果幸福啊，看起来像一道微光。如此微弱啊，能否把所有的黑暗照亮。不要害怕，不要感到彷徨。我会在你身旁，陪着你走向那道光。

“你要相信幸福啊，是一道不灭的微光。如此珍惜啊，它会把所有的黑暗照亮。不要害怕，不要感到彷徨。我会在你身旁，陪着你走过这黑夜，守护这道幸福的微光。”

不错，即便幸福只是一道微光，我们也不能放弃希望，因为那道微光可以照亮黑暗的人生，也可以让我们找到幸福的方向。我们不能控制人生，却可以掌握自己；我们不能改变天气，却可以调整自己的心情。

只要心中有一壶清凉的希望，那么人生就不会失色；只要每天给自己一个希望，生活就会充满快乐和幸福；只要心中充满了阳光，就可以驱散人生的迷雾，照亮前进的方向。

每天都有一份美好的期盼

朋友说："我最喜欢钓鱼，因为等待鱼儿咬钩的时候，心情是最好的，心中总是怀有一种期盼，永远都不会放弃。"这句话真的十分有道理。

人生就是一个充满期盼的过程，小时候我们都期盼自己快点长大；长大后我们都期盼拥有好的工作、好的人生；单身的时候我们期盼遇到心仪的对象；恋爱后则期盼早点结婚生子；为人父母之后又期盼孩子快点健康成长；等到事业有成、人到中年之时，我们又期盼与爱人相守到老；最后等到白发苍苍的时候，我们又会盼着自己可以得到一份安详……期盼是人生的一种状态，更像是一个美丽的花环，使我们的人生更加美好。

当我们来到这个世界之时，心中便已经种上了期盼的种子。正是因为心中拥有美好的期盼，我们的人生才被赋予了更多的意义，我们的生活才更加丰富多彩。试想一下，如果我们的心中没有任何期盼，那我们的生活将变成一片空白，人生也将变得苍白无力。

每天给自己一个美好的期盼，这将给我们的人生以最美好的激励和祝愿。当我们为了心中的目标而不停地奔波、忘我地付出时，当心中期盼的成果降临在我们面前时，平凡的生活就会绽放出最美丽的礼花。同时，它又将照亮我们下一个新的期盼。

我的心中也总是怀有一个美好的期盼。小时候，我期盼可以拥有一件新衣服、一个布娃娃，或是一颗小小的糖果；长大了，我期盼可以拥有一份真挚的友情、一段美丽的爱情，以及一个美满的家庭。带着这样的期盼，我度过了快乐幸福、无忧无虑的童年。尽管我并没有获得想要的所有东西，但是拥有了美好的心情和快乐的生活。带着这样的期盼，我结交了最要好的闺蜜，我们一起购买漂亮的衣服，一起在街边吃美味的小吃，一起疯狂，一起欢笑，一起痛苦。直到今天，闺蜜仍是我无话不说的朋友，正是有了她的陪伴，我的生活才变得丰富多彩。带着这样的期盼，我遇到了人生中最挚爱的人，他成了我的恋人、我的家人，还给我带来了最让我牵挂和疼爱的宝贝女儿……

虽然有些期盼会事与愿违，虽然并不是所有的期盼都能变成现实，但是我不怕，因为我还会有期盼，心怀美好的期盼已经成为我人生中的一种习惯。我坚信，只要我对未来充满美好的设想，只要我不后悔每一步的选择，那么那些美好的期盼总会有实现的一天。

在一列老式火车的卧室车厢中，几位刚刚起床的男士正在洗手间洗漱。旅途的疲劳和一夜的颠簸，使得这些人疲惫不堪、神情漠然，更使得他们不愿与陌生人交谈。此时，一个面带微笑的男人走了进来，他愉快地向大家道早安。尽管没有人理会他的招呼，他仍保持满脸的微笑，竟然一边刮胡子一边哼起歌来。他这番举动让人们感到十分惊讶，其中一人嘲讽地对他说：“你好像很得意，有什么高兴的事情吗？”

男士微笑着回答：“是的，正像你说的，我很得意。每天早上起来我都期盼有一个好心情，期盼今天是美好的一天。现在，心情愉快这件事已经成为我人生中的一个习惯了！”

男士这句话被牢牢地记在我的心中。事实上，这句话确实具有深刻的道理。当美好的期盼成为一种习惯时，我们的心情将永远愉快轻松，我们的生活将充满着幸运和幸福，而人生也将变成一连串的欢宴。正如一位哲人说的那样：“穷苦人的日子都是愁苦，心中欢畅者，则常享丰筵。”只有我们心存美好的期盼，让它成为一种习惯，未来的生活才能充满美好和阳光。

每天早上起来的时候给自己一个美好的期盼，并且用这种期盼来激励自己，那么一整天我们都会拥有一个好心情，一整天都会拥有好的运气。这确实是一个不错的主意，只要我们每天坚持下去，当它成为一种习惯的时候，我们会发现我们的心情会越来越好，我们的生活也将越来越幸福。

有人经常说：心里有阳光，脸上就灿烂。而我则要说：心中拥有美好的期盼，人生将变得更加美丽。当我们心中怀有一个美好的期盼和希望时，我们才会信心百倍地面对眼前的困难，才会向着美好的未来执着地前行。当心中那份期盼一点点地实现的时候，心中那份幸福和激动是难以言表的，这时，我们的生命才是最绚烂的。

生活中，我们经常看到慌乱匆忙的身影，总是看到迷茫无措的眼神，那是因为他们心中没有期盼的目标；我们经常看到有些人灰心丧气、怨天怨地，总是看到有些人郁郁寡欢、闷闷不乐，那是因为他们心中缺少对未来的美好期盼。

期盼是人生的一种状态，是我们生命中必不可少的，我们可以一无所有，但是心中不能没有美好的期盼。心怀美好的期盼，然后一步一个脚印地去实现它，这时我们会发现，不是我们走向美好的未来，而是美好的未来向我们走来。无论我们身处什么样的环境，无论我们处于什么状态，让心存美好期盼成为一种习惯，那么所有不良情绪和不幸都会纷纷逃遁，而美好的心情和幸福的生活将围绕在我们的身边。

感恩之心犹如一缕阳光

记得看过一部外国电影，里面有一个五六岁的小男孩，虽然他十分讨厌胡萝卜，但是每次饭前祷告时他都会真诚地祷告：“感谢上帝赐给我们食物，还有胡萝卜。”这句简单的祷告触动了我的内心。

是啊，在这个忙忙碌碌的世界里，除了忙碌得似陀螺的躯体外，我们是否还有一颗感恩之心呢？我们已经习惯了抱怨，抱怨命运的不公，抱怨生活的劳累。于是，在一声声抱怨中，我们对眼前的幸福视而不见，对别人的帮助和爱心毫不在乎，甚至对亲人的奉献和爱护漠不关心，渐渐地，我们将感恩之心越抛越远，从而使生活中也失去了阳光和幸福。

感恩之心如同生活中的一缕阳光，有了它的照耀，我们的世界才能充满幸福和美好。所以，不要因为生活的艰难和压力就忽视了身边的美好，不要因为生命的沉重而丢失了感恩之心。

“在你学会感恩的同时，你已经爱上了这个世界。”当我们念及别人的恩惠和善心时，当我们忘记种种不愉快时，我们会发现原来这个世界可以这么美好和幸福。常怀一颗感恩之心，珍惜身边的点点滴滴，我们才会爱上这个美丽的世界。

西方流传着这样一个故事：很多年前，一个贫穷的小男孩为了赚取学费而不得不学习推销商品，来赚取少数的零钱。于是，小男孩趁着下课和假期的时间，挨家挨户地推销商品。一次，小男孩在推销了一天的商品后，因饥肠辘辘决定向别人讨口东西吃。

当他敲开一户人家的房门时，看到一位年轻美丽的女子，小男孩显得十分局促，不好意思向人讨要饭吃，便低声说道：“您可以给我一杯水吗？”女子看到小男孩饥饿的样子，便给他倒了一大杯牛奶。男孩喝完牛奶之后，感激地问道：“我应该付给您多少钱？”

女子微笑着说：“你不必付一分钱。我付出爱心，并不求回报。”小男孩深深地鞠了一躬，说道：“那您就接受我由衷的感谢吧！”小男孩在接受了女子无私的帮助后，从此更增强了生活的信心，更加相信了世界的美好。

多年后，小男孩成为赫赫有名的医生，他的名字叫作霍华德·凯利。一天，医院转来一位身患罕见重病的病人，当地的医生全部束手无策，所以请来了专家会诊治疗，其中就包括霍华德·凯利。当他听到病人来自自己出生的城镇时，一个奇怪的念头闪过他的脑海。他立即奔向病房，一眼就认出病人就是当年帮助过自己的女子。从那天起，他就特别关照这个对自己有恩的病人，并决心一定要治好她的病。果然，女子的手术成功了，休养一段时间便可以痊愈。

当女子快要康复的时候，医院送来了“医药费通知单”。然而，女子却不敢看它，因为她知道凭借自己的经济能力是很难承担如此巨大的医药费用的。最后，她鼓起勇气打开了“医药费通知单”，果然是一个巨大的数字，但是她发现通知单旁边有一行小字：医药费已付一杯牛奶。霍华德·凯利医生。

这时，女子才知道自己的主治医生是多年前那个饥肠辘辘的小男孩，她看着手中的通知单流下了感动的泪水。一个小小的举动，一杯带有温暖的牛奶，拯救了她的生命，也让她收获了最宝贵的财富。

世界上所有的爱和感动，都源于感恩。当感恩之心成为我们的一种习惯时，爱将始终萦绕在我们身边。

感恩之心就是温暖的阳光，可以照亮世界上所有阴暗的地方。感恩之心就是爱的力量，可以让我们发现世界的美好。试着用感恩之心来体会这个世界，我们会发现不一样的人生，我们的生活也会少了很多忧愁和烦恼。没有了抱怨和嫉妒，也没有了不平和不安，我们就会用坦荡的心和开阔的胸怀来感受生活中的酸甜苦辣，原本平淡的生活就会焕发出迷人的光彩。

常怀一颗感恩之心，感谢上苍的赐予，感谢生命的存在，感谢阳光的照耀，感谢父母的养育，感谢朋友的帮助和亲人的包容。我们还要感谢生活中的烦恼和苦难，因为没有它们的存在，我们怎么会变得越来越成熟、越来越坚强？我们还应该感谢与我们作对的敌人，如果没有他们的步步紧逼，我们怎能步步领先，取得优异的成就……

让我们怀有一颗感恩之心看待这一切吧，因为这世界本来就充满了爱和希望！

家，就是指引人走出黑暗的明灯

三毛说："家，就是一个人在点着一盏灯等你。"当我们受伤的时候，当我们感到孤立无助的时候，我们就会想到回家。因为家的温暖和家人的疼爱会轻轻抚平我们受伤的心灵，会温暖我们孤独无助的心。可是，曾经在家享受父母的关怀时，我总是想挣脱父母的怀抱，想去见识外面美好的世界。直到在外打拼数年之后，我才恍然明白，只有家才是我们最坚实的港湾，只有家才是我们安心停靠的码头。

曾经有一个年轻人，来到深山之中拜访高僧，想要寻求修成正果的方式。在寺庙中，他遇到了一位著名的高僧，便询问哪里可以找到得道的菩萨。高僧打量了一下年轻人，问道："你与其去找菩萨，还不如去寻找佛。"年轻人急忙问道："那么到哪里才能找到佛呢？"高僧告诉他说，你现在回家，在路上会碰到一个披着衣服、反穿着鞋子的人，那个人就是佛。

年轻人拜别了高僧，开始返回家中，在路上他不停地寻找高僧所说的那个人。可是他都到了家门口，也没有发现那个人。年轻人十分气愤，以为高僧欺骗了他。此时已经是深夜，他灰心丧气地敲开家门，家中的老母知道肯定是儿子回来了，急忙拿起衣服披在身上，连灯都没有来得及点燃就跑去开门，慌忙之中穿反了鞋子。当家门打开的时候，年轻人看到了慌忙为自己开门的母亲，顿时领悟了高僧的话，不禁流下了悔悟的泪水。

不管我们近在咫尺还是远在天涯，不管我们衣锦还乡还是贫穷落魄，家的大门永远都为我们敞开。家就像是一把巨大的雨伞，为我们遮挡风风雨雨；家就像是一盏明灯，为我们指引前进的方向；家就像是天空中的繁星，给我们带来了无限的希望。

希拉里·克林顿曾经被评选为“全球十大风云女性”，2008年，她高调参选总统，并在初期一路遥遥领先。然而，后来她却优雅地退出了总统竞选。次年，她被美国总统任命为美国第67任国务卿。从第一夫人到总统竞选人，再到国务卿，希拉里的生活中充满了传奇色彩。

可是，我们不仅提出疑问，在以男性为主的西方世界里，一个女人为什么会有这么大的感召力呢？其实，希拉里本就拥有超凡的智慧和人格魅力，只不过是隐藏在克林顿的巨大光环之下，不为人知。

其实，在希拉里竞选初期，美国各大网站曾经铺天盖地地推出了一份问卷调查，几乎所有美国网民都参加了这项调查。这个问卷很简单，只有一个问题：凯特非常爱妮雅，可是有一天，妮雅出了车祸，颈部以下全部瘫痪。你觉得，凯特对妮雅还能一如既往，数十年不离不弃吗？

A.凯特对妮雅的爱一定不会改变，真爱能够经受住所有的考验。

B.凯特对妮雅的爱一定会改变，现在哪有这种傻瓜？

C.凯特对妮雅的爱可能会改变，因为现实太残酷了。

结果，竟然有80％的网民选择了“C”，分别有10％的网民选择了“A”和“B”。

然而，当所有的网友回答完问题后，网页上又弹出了一个对话框。上面出现了这样的一段话：哈哈，你一定将凯特和妮雅当成情侣了吧？现在我们假设一下，如果凯特和妮雅是父子关系或是母子关系，你还会坚持刚才的选择吗？现在我们再重现选择一次，好吗？

这一次，几乎所有网民都坚定地选择了“A”，双眼开始湿润起来。是啊，世事变换、时光飞转，所有的事情都充满了变数，但是唯一不会改变的就是父母的爱，就是家的温暖。

令人没有想到的是，这份问卷是希拉里亲自制作的，目的就是激起人们的亲情意识，激起人们对家的眷恋。果然，这份问卷在美国掀起了一场亲情风暴，短短几天内，几乎所有的孩子都给父母打电话倾诉了自己的心声：爸爸妈妈，你们最近好吗？我想你们，我爱你们！

虽然这是希拉里精心策划的拉票活动，但还是击中了人们心中最柔软的地方。希拉里真诚地说：“父母的爱是无私无求的，不论何时何地，都足以温暖我们的心灵。这次竞选活动，我是成功的。因为不论何时，我首先是一位母亲，也是一个女儿，其次我才是一名政客。”

与西方国家相比，我们的亲情观念和家庭意识或许更浓一些，可是由于忙碌的工作、距离的遥远或是种种其他原因，我们很少回家，有些事业有成的人甚至忘记了回家的路。尽管如此，家中的父母仍时刻关怀我们的生活，担心我们的健康，期盼我们回家的消息。所以，多回家看看，多给父母打几个电话，不要让自己的心忘记了回家的路。

总有一种爱，将我们支撑

我们每天大部分时间都关在钢筋混凝土筑成的独立空间内，很少有与外人沟通交流的机会，除了单位的同事、少数几个朋友，几乎没有什么亲密的人。虽然身处闹市之中，我们的心灵却仿佛筑起了一道无形的心墙，从不允许别人走进自己的内心，也不愿意走进别人的内心。

曾经，我们的祖辈父辈住在低矮简陋的屋子里，虽然条件艰苦、空间有限，然而人们相处融洽、来往亲密。现在，我们住进了高大舒适的楼房，然而人们之间亲密的关系却被一个个独立的空间所阻隔，我们的心变得越来越冷漠、越来越孤独。

其实，真正隔绝人与人关系的不是空间，而是我们的内心。我们都将自己的心窗封闭得太严密了，并且用冷漠的心看待所有的事物和人，使自己变得越来越冷漠。久而久之，我们便失去了爱人的心，也失去了爱人的能力。

在上下班时，地铁中挤满了来来往往的人，尽管我们之间的距离只有10厘米，但是我们的内心却相隔十万八千里。在所居住的小区，虽然我们与邻居只有一墙之隔，但是我们却从不认识彼此，甚至面对面碰到也只是低头而过。如此一来，即便我们拥有一道可以与人交流和沟通的通道，也难以感受到欢乐和温暖。其实，打破这冷漠最好的武器便是爱。将我们关闭的心窗打开，不再吝啬自己的爱心和善心，我们的生活才能变得更加幸福和快乐。

大家是否还记得那位“最美妈妈”？那位普通的妈妈用自己的双手接住了从10楼坠落的2岁女童，当她用双臂稳稳接住孩子时，那巨大的撞击使两人均陷入了昏迷。最后，孩子安然无恙，而那位勇敢的妈妈的左右臂却出现了多处骨折。这位勇敢的妈妈就是吴菊萍，而她义无反顾的行为也触动了人们心灵中最柔软的那部分，让所有人的心都经历了一次爱的洗礼。

曾经有人做过这样的计算，接住一个2岁女童从10楼坠落的重量，相当于在0~1秒的极短时间内承受300千克重量的物体。如果稍不小心接错位置，就有可能导致高位截瘫，甚至当场丧命。然而，吴菊萍没有丝毫的迟疑和犹豫，她用自己单薄的身体接住了常人难以承受之重。事后，当人们询问其感想时，她竟平淡地说：“我刚刚做了母亲，也有一个可爱的宝宝，这是做母亲的本能，是作为一个母亲应该做的。”这正是母爱的伟大之处啊！而吴菊萍也用无私的母爱诠释了人世间的真善美。

一时间，最美妈妈成为人们热烈谈论的话题，她的爱从一个人传到另一人，从一个城市传到另一个城市，从中国大地传到了世界的每一个角落。美联社、法新社、英国《每日邮报》以及巴基斯坦媒体、中东媒体都报道了“最美妈妈”吴菊萍的事迹，都在赞美她的伟大和勇敢。

我们应该相信，虽然这是一种应对突发事件的本能反应，但是如果每个人都能做到这样，那么世界肯定会变得越来越美好。当今社会，在我们都以冷漠的态度对待他人的情况下，看到这样无私的爱，的确会让我们感到真正的温暖和幸福。

爱是什么？爱是治疗我们心灵创伤的良药，也是给我们带来温暖、幸福的天使。如果这个世界没有了爱，那么社会将会变成冰冷的极地，将会变成毫无希望的荒漠。我们活在这世界上，最重要的不是被爱而是要有爱人的能力。如果我们不懂得爱别人，又怎么能得到别人的爱呢？

无论世界怎么改变，总有一种爱将我们支撑，总有一种爱震撼我们的内心。在爱的支撑下，我们将会打破冷漠的心墙，我们将走出自己的世界，如此一来，幸福和欢乐才会充满我们的生活。

没有绝望的处境，只有绝望的人

家中一盆杜鹃花枯死了，早上打算将它扔掉，谁知走近一看，原本枯死的枝条上竟然长出了新芽。于是我赶紧给它浇水，将它搬到阳光充足的地方。一段时间后，这盆杜鹃竟变绿了，又过了一段时间，竟开出了美丽的杜鹃花。

后来和一位擅长养花的朋友说起此事，不解为什么枯了的杜鹃花还能复苏、开花。朋友笑着说道："虽然它的枝叶干枯了，可是根部却没死。我们知道，树木到了冬天就会干枯，叶子也会落光，但是到了春天还会变绿，直到枝叶茂盛。"说完，他将我带到一棵干枯的发财树面前，用指甲将树皮刮开，里面露出淡淡的绿色，他说："你看，这就是树木的生命力，虽然表面干枯了，但是里面却充满了生命力。只要季节一到，它就会再次复苏。"

鲜花枯萎了，但只要根部没有枯死腐烂，就会有再次开花的机会；树叶落光了，但只要根部没有枯死，春天到了，就会呈现出旺盛的生命力。人生也是如此。我们是有会陷入困境的时候，只要我们的心不死，就会有拨云见日的时候。

有一位经商的朋友，由于受到金融危机的波及，事业跌到了谷底，每天都有债主到公司和家中讨债。这位朋友面临倾家荡产、债务累累的困境，于是便破罐子破摔，整天借酒消愁，企图从此麻痹自己的神经。为了让他早日从绝望中走出来，朋友们想尽了办法，但是毫无用处。正当大家都以为他从此会潦倒一生的时候，他竟然重新振作了起来，四处找朋友借钱，想要还掉欠下的债务。经过几年的努力之后，他不仅走出了困境，还清了所有的债务，还将事业做得比以往更出色。

原来，他在心灰意冷的情况下，打算爬上郊外的高山结束自己的生命。谁知遇到了一位登山的老人，老人看出了他的心思，便给他讲了一个故事：

有一天，一个居住在乡村的年轻人漫无目的地在田野中闲逛，不知不觉走进了森林中。他听着林中悠扬的鸟鸣，欣赏着葱葱郁郁的树木，闻着芬芳扑鼻的花香，心情感到无比舒畅。就在他尽情地享受大自然的美好时，突然感到身后传来一阵呼呼的风声，他回头一看，顿时吓得三魂不见了六魄。只见，不远处一只凶猛的老虎正向他扑来，此时距离他只有十几米远。年轻人拔腿就跑，在慌乱之中寻找可以逃生的地方。这时他发现前面有不远处一棵异常粗大的树木，这棵树下面有一个很大的洞，一根粗大的树藤从大树一直延伸到洞口处。年轻人不顾一切地顺着树藤爬下，躲到了洞里去。

年轻人以为自己总算是躲过了一劫，一边向下爬一边观察上面的情况。他发现老虎正在洞口四周徘徊，不甘心放弃快到嘴的猎物。年轻人原本悬着的心更加紧张起来，他慌张地向四周看，这一看更让他大吃一惊。原来，一只松鼠正在咬着树藤。这根树藤虽然比较粗大，但是松鼠的牙齿十分尖利，不用多久便会被咬断。担心树藤会被咬断的年轻人便想看看是否能够爬到洞底，谁知洞底盘着几条凶猛的大蛇，正吐着信子，凶狠地瞪着他。

年轻人知道自己已经陷入了绝境，恐惧蔓延到他的全身，他看不到任何生还的希望。如果爬上去，就会被凶猛的老虎吃掉；如果掉到洞底，就会成为巨蛇的猎物；他更不知道这根树藤在松鼠的咬噬下，还能坚持多久。但是，年轻人很快便镇定下来，开始思考逃生的办法：悬挂在树藤上根本没有生还的机会，因为树藤很快就会被咬断；跳入洞底也不可能生还，洞底就是一个死胡同，根本不可能躲过几条大蛇的攻击；唯一的办法只有爬上地面，上面虽然有凶猛的老虎，但是地面宽广，总有一些逃生的机会。下定决心之后，年轻人立即向上攀爬，很快就爬到了地面。他偷偷地探出头来，看见老虎正在洞口不远处闭目养神。年轻人抓住这个千载难逢的机会，先是蹑手蹑脚地远离危险区域，之后立即拔腿狂跑。最后，年轻人终于摆脱了老虎的追赶，安全地回到了家。

朋友听了这个故事之后，陷入了久久的沉思之中，他想：与那个年轻人相比，我的处境并不算绝境，毕竟我还有一些关心自己的家人和朋友。如果这样我就陷入绝望、自暴自弃，那么人生将永远陷入黑暗之中。顿悟之后，朋友拜别了老人，走下高山，决心一定要做全新的自己。

我们的人生不可能永远都是坦途，出现挫折、困境甚至绝境都是难免的。只要我们心不死，就会有绝处逢生的机会。这就是人们常说的“山重水复疑无路，柳暗花明又一村”。美国的哈尔西将军曾经说：“没有绝望的处境，只有对处境绝望的人。”这句话很有道理。

的确，绝望是一种致命的“毒药”，它可以吞噬一个人的意志，腐蚀一个人的斗志，让人跌入无尽的深渊。世界上从来没有真正的山穷水尽，无论黑夜多么漫长，光明总是会战胜黑暗；无论处境多么困难，只要心中充满希望，总会有走出困境的一天。

第八章　张开双手，向着阳光的地方奔跑

天空不可能永远都是晴空万里，艳阳过后总会有乌云；人生也不可能永远都一帆风顺，平坦之末总会有歧路。如果我们尽情地张开双手，向着阳光的地方奔跑，那么就会迎接无限的光明；如果我们蜷缩在黑暗的角落，那么只能独自哭泣。

心在哪里，世界就在哪里

我们的心在哪里，我们的世界就在哪里；我们的心有多大，我们的世界就有多大。一个人要实现远大的梦想，不仅仅靠努力拼搏的毅力和奋勇直前的勇气，关键在于他的心在哪里。

朋友的家乡是安徽茗茶之乡，所盛产的茶叶远近闻名。在外闯荡几年的朋友，决定辞掉现在的工作，着手准备做茶叶生意。于是，他特意拜访了一位经营几十年茶叶生意的老人，希望老人可以教授他一些生意之道。老人开始并没有说什么，而是悠闲地为他斟满一杯清茶，随即给他讲了一个故事：

一位昆虫学家和一位商人在公园中散步，突然昆虫学家停下脚步，侧耳倾听，好像听到了什么声音。

商人问道："你听到什么了吗？"

昆虫学家惊喜地说道："你听到了吗？我听到一只蟋蟀的鸣叫声，听声音绝对是一只上品大蟋蟀。"

商人侧着耳朵听了很长时间，摇着头说："我什么也没有听到！"

昆虫学家立即转身走进附近的草丛，很快就找到了一只大蟋蟀，于是得意地对商人说："你看到了吧。这是一只白牙紫金大翅蟋蟀，绝对是一只大将级别的蟋蟀。"

商人惊讶地问道：“这真是太神奇了。你不仅听到了蟋蟀的鸣叫，更听出了蟋蟀的品种，你是怎么做到的？”

昆虫学家笑着说道：“大蟋蟀叫声缓慢，频率慢，有时几个小时才叫两三声，而小蟋蟀的鸣叫频率则很快。每种蟋蟀的叫声不同，各种颜色的蟋蟀的叫声也不相同，但是它们的鸣叫声只有极其细微的差异，只有用心感受才能分辨出来。”

商人不禁对昆虫学家的细心和专业赞叹不已，随后他们一边聊天一边走出公园。当他们行至马路边的人行横道时，商人停住了脚步，弯腰捡起了掉在马路上的硬币，而昆虫学家却丝毫没有听到硬币落地的声音，只顾大步地向前走。

这时，老人对朋友说：“昆虫学家的心在昆虫那里，所以他能听到蟋蟀的鸣叫，而商人的心全部投放在金钱上，所以他能听见硬币掉落的响声。你能否取得成功，并不在于有没有做生意的秘诀，而在于你的心在哪里。”

其实，人们的智力和能力没有太大的区别，只是由于各自心中的世界有所不同，所以导致截然不同的人生结局。我们的心在哪里，我们的世界就在哪里。如果我们的心在生活中鸡毛蒜皮的琐事上，那么我们的世界就只剩下琐碎和烦恼；如果我们的心面朝大海，那么我们的世界就会春暖花开。如果我们的心在琐碎细小的工作上，那么我们永远只能庸庸碌碌、毫无作为；如果我们的心在远大的梦想和事业上，那么我们就可以赢得美好的人生和前程。

所以说，我们的眼光能看多远，心就有多大；我们的心有多大，世界就有多大。有时，我们总是抱怨自己的舞台不够大，无法好好施展自己的才华，殊不知，我们人生舞台的大小源于我们的内心，我们想要成就远大的梦想，就必须壮大自己的心灵。我们只有做到了心胸宽广、眼光高远，才能赢得更广阔的舞台，才能获得更大的成就。

曾经听过一个关于著名音乐家谭盾的故事，让我彻底领悟了“心有多大，世界就有多大”这句话的真正含义。谭盾刚到美国求学的时候，生活十分贫困，只能靠在街头卖艺维持生计。他找到了一个最赚钱的地方，那就是一家银行的门口。在那里还有一个黑人琴手，谭盾和黑人逐渐成为朋友，两人相互帮助、相互配合，因此吸引了很多围观的人，每天收入十分可观。后来，谭盾赚取足够的钱财之后，便进入哥伦比亚大学进修音乐，凭借出色的才华和不懈的努力而获得了音乐艺术博士学位，后来成为著名的作曲家和指挥家。

多年后，谭盾已经成为在国际上享有盛名的音乐家，并且获得了很多音乐大奖。一次偶然的机会，谭盾遇到了曾经的“合作伙伴”——那位和自己一起拉琴的黑人琴手。他还在当年那家银行门口拉琴，谭盾便前去与他打招呼，而黑人立即兴奋地对谭盾说：“嗨，伙计，你现在在哪个赚钱的地盘拉琴？”

当年，谭盾与黑人琴手一起拉琴卖艺，然而，他们的目的却不在一处，谭盾卖艺的目的是赚取学费，继续在音乐道路上进修深造，而黑人琴手卖艺的目的是养家糊口、填饱肚子。谭盾拉琴的心在于音乐，而黑人的心则在于金钱。所以，10年之后，他们成为不同世界的人——一个成为著名的音乐家，一个还是拉琴卖艺的人。其实，可以说早在10年前他们心存不同理想的时候，两人就已不是同一个世界的人！

有什么样的心态就会产生什么样的结果，只有具备开放的视野、高远的眼光，让我们抓住更多的机会，才能让我们在人生的道路上越走越远、越走越宽。所以，我们没有必要紧抓不舍生活中的一些小事、琐事，更没有必要质疑我们的舞台不够大，这样只会限制我们的心灵，妨碍我们做属于自己飞翔的梦。

抬起头，天空中有上帝来不及采摘的花朵

耶稣曾经说过："人不能只靠面包过活，人的心灵需要比面包更有营养的东西。"

一个同事在办公桌一角摆放了一个崭新的小鱼缸，里面装满了清水，可是却没有养一条鱼。每天同事到办公室的第一件事情，就是精心擦拭鱼缸、调适水温。不仅如此，同事还会在工作闲暇之时，静静地望着水缸，想象着鱼儿在水中游玩的情形，有时甚至发出轻笑。我们对这位同事的行为很不理解，觉得他的行为十分可笑，然而他完全不予理会，还向我们讲述他的养鱼计划。他得意扬扬地对我们说："我最喜欢的是罗汉鱼，那胖乎乎的小鱼游起来肯定十分可爱。"

看着他滔滔不绝地讲述自己的喜好，以及快乐无比的样子，

我倒是羡慕起他的闲情雅致来。由于工作性质，我们大部分时间都在办公室度过，甚至必须坐在办公桌前忙碌，除了喝水、去卫生间等，根本连起身活动的机会都没有。在这样的工作环境和工作条件之下，工作变得更加令人烦躁和乏味。而同事这样自娱自乐的方式真是给忙碌的工作增添了很多乐趣和情趣。

如今，快节奏的生活似乎使我们越来越忙碌，身体越来越疲惫，心灵越来越憔悴。正如一首元曲慨叹的那样："叹世间多少痴人，多是忙人，少是闲人。"我们有多久没有关照过自己日渐憔悴的心灵，我们有多久没有舒展过自己日渐疲惫的身心了？其实，每天都忙忙碌碌的人，并不见得就不能过洒脱自由的生活。关键在于我们拥有忙中求闲、苦中见乐的心情，只要我们学会充足自己的心灵、享受生活的快乐，那么世间一切皆美好。

爸爸退休后，耐不住寂寞，于是就在楼下开辟了一小块空地，种上了自己喜欢的花花草草。每天一大清早，爸爸就锄草施肥、修剪浇灌，即便满头大汗也乐此不疲。我看不过去，于是埋怨他为什么有福不享，让自己吃这么多苦呢？谁知，爸爸轻松悠然地说道："想象一下，自己亲手栽培的植物开了美丽娇艳的花朵，然后散发出沁人的芬芳，引来蜂飞蝶舞。我悠闲地看着这一切，难道还有比这更令人满足的事情吗？"

无论我们的生活是忙碌还是空闲，都不能缺少一份享受生活的闲情逸致。放下生活的重担、放下工作的压力，尽情地享受生活中的每一个瞬间。即便我们没有时间到野外享受大自然的清新，也可以从身边的事物中来舒展自己的心灵，哪怕是楼下那一丛绿色，哪怕是头顶上的蓝天。

在某一个阳光灿烂的午后，我们突然发现，钢筋混凝土浇筑的高楼大厦在熙熙攘攘的街道上留下了狭长幽暗的影子，空中纵横的电线犹如蜘蛛网一样密密麻麻，但是仍有几只小麻雀站在电线上跳跃，远远望去，就像是跳动的音符。这样美丽的午后，我们为什么不走出死气沉沉的大楼，带着自己的心灵一起散散步，一起看看蔚蓝的天空呢？

当我们抬起头来，会看见蓝蓝的天空之中飘着淡淡的白云，时卷时舒，似奔马，似群羊，似高山，似游丝。就在我们的头顶，浮云在广阔的苍穹之中变换着自己的形态，肆意地展示着自己的美丽。这时，我们会发现自己的心灵竟然很久没有这么惬意过了。

原来，我们的生活犹如天空一样美丽，犹如云彩一样自由。可是，为什么我们的步履总是那么匆匆，眼睛总是盯着闪烁的霓虹，总是留恋橱窗边的华服？明明我们只要抬起头就可以欣赏到这片可供心灵散步的青天，为什么我们却总是抬不起头来呢？

当我们感到疲惫时，仔细阅读头顶的蓝天吧；当我们感到烦恼时，好好欣赏天边那变化莫测的云彩吧。这白与蓝搭配的美丽风景，会使我们将所有的疲惫和烦恼都抛之脑后。朋友，你相信吗？在这个喧闹的世界中，有很多事情并不比抬起头来欣赏蓝天更重要。因为，在我们心灵的天空上，开着那么多上帝来不及采摘的花朵。

悬崖边上，也要享受美味的草莓

我们希望每天都拥有好心情，然而生活却常常被坏心情笼罩。失恋，我们会伤心流涕；得不到升职机会，我们会愁眉不展；丢了钱包，我们会郁郁寡欢……即便生活中一些鸡毛蒜皮的小事，也会让我们产生坏心情。

为什么我们这么容易产生坏心情？为什么我们的好心情总是被这些琐事影响？究其原因，是因为我们时常纠缠在坏事情、坏心情上，而忽视了如何保持良好的心情。

有一段时间，我每天都心情极坏，整日愁眉苦脸，感觉生活中充满了各种各样的问题，从没有安心的时候，甚至一些小事都会引起我的不安和紧张。孩子成绩的下降让我烦躁不安，丈夫无心的话让我黯然神伤。这样的坏心情直接影响了我的生活，甚至波及了我的工作。孩子放学后会尽量远离我，安静地学习或看电视，甚至不敢和我说话；丈夫也尽力早下班，多承担一些家务。然而，这些并没有消除我的坏心情。

一次，我必须参加一个重要的会议，临出门前，我看着镜子中满面愁容的自己，尽管尽力试着微笑，但还是表现得很不自然。无奈，我只好向朋友诉苦，朋友建议道："将你的坏心情丢掉，人生就是无数次解决问题的过程，没什么问题会永远过不去，想象自己是快乐的人，你会真的快乐起来。但要记住，你要发自内心地快乐。”我深刻地反省了自己的问题，并照着朋友的建议做了，果然，好心情回来了。

我们的生活中，可能没有爱情、没有自由、没有健康、没有财富，但是唯独不能没有好的心情。如果我们失去了美好的心情，就会陷入黑暗之中。我们的生活就会处处出错、处处不顺，甚至变得一塌糊涂、无比糟糕。所以，不论什么时候都不要忘记保持美好的心情。因为保持美好的心情是一种快乐的选择，也是一种生活的从容。拥有美好的心情就像在我们的心田栽种了一株美丽的心灵之花。我们应该保持美好的心情，不管生活面临怎样的境遇，不管人生遭遇怎样的磨难。只有让我们的心灵绽放绚丽的花朵，我们才能保持美好的心境，才能拥有幸福的生活。

一个男人被一只老虎追赶，慌乱之中掉下了山崖，幸运的是，他抓住了悬崖边的小树。此时，男人挂在悬崖边这棵并不粗壮的小树上，上面是凶恶的老虎，而悬崖下面则盘踞着一条蛇。更糟糕的是，两只老鼠正在啃咬着维系他生命的小树。就在这命悬一线的时刻，男人突然发现小树附近生长着一簇野草莓，触手可及。于是，男人伸手摘下草莓放入嘴中，并且自言自语地说：“这草莓真甜啊！”

是的，即便身处绝境，也要有好心情享受美味的草莓。只有让自己的心情先美好起来，我们才有信心脱离眼前的绝境。

只有我们心存美好，所有的一切才会变得风轻云淡。

在人生中，我们难免会陷入危险的绝境，面对这种情况，我们应该怎么办？是灰心丧气、听天由命，还是勇敢地面对，保持美好的心情？我会选择后者，因为只有心存美好的向往，去挑战自我，才能迎来美好的明天。

一位病人病入膏肓，仅仅还能维持几个月的生命。她每天都想着死亡的恐怖，每天都为自己将不久于人世而悲伤。她的主治医生看她如此消极，便安慰道："你为什么花费这么长时间去想死，而不将这些时间用来思考如何快乐地度过剩下的时间呢？"

病人听完后十分愤怒，她大声吼道："我都已经快死了，还怎么快乐得起来！"但是，当她看到主治医生真诚的双眼时，决定好好思索主治医生的话。慢慢地，她领悟了医生所说的话，自言自语道："我一直想着怎么死，陷入死亡的恐怖之中，却完全忘了应该怎么活了。"

几个月后，病人还是去世了，但是临终前她对主治医生说："这几个月是我生病以来最幸福、快乐的时光。感谢您让我在临终前享受到了最后的快乐时光。"

置身生死边缘，此刻我们必然饱受痛苦的煎熬，必然陷入死亡的恐惧之中。如果我们悲伤地等待死亡的到来，那么余下的人生则只会剩下苦痛和恐惧；如果我们拥有美好的心情，那么我们还可以享受最后美好的时光。所以，与其痛苦地度过余生，何不快快乐乐地度过最后的时光呢？

打开心窗，天空一片蔚蓝

人生就是一片广阔的海洋，而我们就是一只畅游于海洋的鱼，本来可以自由自在地游动，欣赏海底美丽的景色。然而，突然有一天我们遇到了阻挡我们前进的珊瑚礁，然后便以为自己陷入了绝境，再也没有走出去的信心和勇气。实际上，我们不过是将自己关在自己营造的心灵监狱里，却呼喊着找不到人生的出路。仔细想想，这难道不可笑吗？

其实，在人生的海洋中，属于我们畅游的海域有多大，完全在于我们的内心有多大。我们的海域是否宽广、景色是否美丽，都不会影响我们的游行。因为只要我们能打开心窗，那么整个美丽的海洋都是属于我们的天地。

一位朋友的事业最近处于瓶颈期，虽然他很想突破，却总是找不到方法，常常觉得有心无力。于是他决定寻求职业辅导专家的帮助，辅导专家为他分析了工作现状和产生瓶颈的原因，也为他制订了未来的行动方案。然而，一段时间过去后，朋友还是原地踏步，事业没有丝毫进展。原来，在制订未来方案的过程中，朋友的嘴边总是挂着这样一句话："我知道……但是……"他说："我知道我应该努力走属于自己的路，但是我担心自己能力不够！"他说："我知道我要改掉自己的坏脾气，但是江山易改本性难移。”他还说：“我知道我应该多运动，但是我最近工作实在太忙了，根本抽不出时间！”……

就这样，辅导专家为朋友制订的方案并没有得以实施，因此，他的事业依旧没有任何进展，而他依然每天愁眉苦脸。

朋友的事业陷入了瓶颈，但是这并不是难以翻越的藩篱，只要他肯按照辅导专家制订的方案改变自己，问题自然就会迎刃而解。他最大的问题是让内心的束缚困住了自己前进的步伐，使自己陷入了难以逃离的心灵监狱。如果他不肯打开自己的心窗，那么他将永远无法突破事业的瓶颈，更无法迎来美好光明的未来。

我们的生活不会永远一帆风顺，就像天空永远不会晴空万里一般。有时候，我们会被内心的烦恼所困扰，无法更好地过我们想要的生活；有时候，我们的事业会陷入瓶颈，使我们无法找到前进的方向。于是，我们的内心很容易陷入迷茫、无奈和恐惧之中，稍不留神，我们还会陷入自己营造的心灵监狱之中。如果我们关闭内心的窗户，那么永远也看不到人生中最美丽的风景。

事实上，我们的生活并没有陷入绝境，只是内心被恐惧、无助和失落的情绪所蒙蔽。只要我们轻轻推开那一扇关闭许久的心窗，掸去上面的灰尘，外面的凉风自然就会吹进心间，窗外天空中的白云自然就会飘入心间。如此一来，生活中的烦恼、无助、恐惧以及迷茫自然会无处安身。

从前，有一个叫雷凡莎的公主，她美丽年轻，并长着很长很长的金发。然而，这位美丽的公主自幼就被囚禁在高大的古堡中，从没有接触过任何人，唯一与她同住的是一位可恶的老巫婆，老巫婆每天都对雷凡莎说："你长得很丑很丑，所以不能见任何人。"后来，一位年轻英俊的王子从古堡经过，被雷凡莎的美貌所吸引。从此之后，他每天都来古堡下见雷凡莎，而雷凡莎也从王子的眼中看到了自己的美丽。终于有一天，她放下了长长的金发，让王子将她从古堡中解救了出来。

其实，囚禁雷凡莎的不是老巫婆，也不是高大的古堡，而是她自己。那个老巫婆不过是她心中的魔鬼，因为她认为自己长得丑，所以才把自己囚禁在古堡中。

很多时候，我们就如同囚禁自己的长发公主，内心被生活中的种种烦恼和物欲所束缚。我们的眼中只有繁重的工作，只有生活中的挫折和坎坷，而没有了欣赏窗外美丽风景的心情。那是因为我们心中或多或少打了结，它使我们无法痛快地享受生活的乐趣，无法看到人生的美景。

我们不妨解开心中的绳结，打开心中那扇关闭的窗户，自然就可以看到窗外蔚蓝的天空。只要我们稍微留意一下，就会发现天空很蓝、花儿散发着沁人的芬芳、鸟儿欢快地鸣唱，原来窗外的风光是如此美丽、如此令人惬意。

享受生活，享受灿烂的每一天

很多时候，我们与朋友打电话或是打招呼的第一句话是："最近忙什么呢？"而回答总是大同小异：每天都为工作而忙；

每天都忙忙碌碌，却不知道在忙什么。

记得看过一个故事：一位作家与朋友相约到山顶看日出，朋友问道："30天前，你在忙什么？"作家想了很长时间都没有想起来。朋友再问："10天前，你在忙什么？"她还是没有想起来。朋友笑着说："那么，此刻我希望你能记住你在这里看日出。"很多年过去了，作家忘记了自己忙碌的很多事，却唯独对那天的日出记忆犹新。

是啊，我们总是不停地忙碌，好像一只被鞭子抽打的陀螺一样，忙得不可开交，忙得晕头转向，甚至有时候我们都忘记了自己在忙什么。

我们的生活是忙碌的，忙于工作，忙于家务，忙于应酬，似乎每一天都处在不停地奔波之中。我们很想停下来，好好享受属于自己的生活，或是轻轻松松地放个长假，或是到远方旅行，或是与朋友畅快地聊聊天。然而，这些看似简单微小的愿望却因为种种原因而不能实现。就这样，一天过去了，一个月过去了，转眼之间一年也过去了，我们还是无法让自己享受自在悠闲的时光。

诚然，生活的快节奏和社会的巨大压力，已经让我们这些现代人整天都处于忙碌的状态，即便是行走在路上都会有意识地加快自己的步伐，无休止的奔波忙碌已经让我们的内心疲惫不堪、麻木不已，从而忽略了体会生活中很多最真实的幸福和快乐。为了打拼自己的事业，我们整年在外地奔波，很少回家探望年老的父母。为了给孩子创造良好的成长环境，我们每天早出晚归，很少有时间陪孩子聊天。然而，我们可曾想过，父母的白发并不会因为我们延缓，孩子的笑容和成长并不会为我们停留。当我们事业有成、功成名就之后，父母和孩子是否还能回到往日的时光？

我们有多久没有陪伴在家人身边，安静地吃一顿家常饭？我们有多久没有仰望天空，尽情地享受阳光的照耀？我们有多久没有到野外走走，呼吸呼吸新鲜的空气？我相信一定是很久了吧！在追求理想和成功的道路上，我们应该全身心地付出，付出自己最大的努力，但是也不能因噎废食，否则连“革命的本钱”都搞垮了，错过了应该陪伴家人的美好时光，又如何获得真正的快乐和幸福呢？

工作永远也忙不完，事情永远也做不完，我们又为什么不停下自己匆忙的脚步，让生活变得更加惬意一些，让每天变得更快乐一些？

约翰·列侬曾说：“当我们正在为生活疲于奔命的时候，生活已经离我们而去。”有一段时间，我曾经为了升职而每天早出晚归，甚至连周末都忙碌不已。显然这影响了我的正常生活，使得孩子抱怨、丈夫抱怨，而我自己也疲惫不堪。

后来，我真正醒悟了，所谓的升职加薪不就是为了让我的生活更美好吗？既然现在我可以过快乐幸福的生活，又何必为了升职而将自己的生活搞得一团糟呢？后来，我尽量在 8 小时内高效率地完成当天的工作，而休闲时间则尽量与家人一起度过，或是陪孩子做作业，或是一家 3 口坐在沙发上看电视，或是周末到郊外散心。这样，幸福美好的生活又回到了我的身边。

泰戈尔在《飞鸟集》中写道：“休息之隶属于工作，正如眼睑之隶属于眼睛。”我们每天将自己关在摩天大楼之中忙碌，很难有放松心情的时间。当我们感到疲惫的时候，不妨放下手中忙碌的工作，伸展一下疲惫的身体，释放一下紧张的情绪，即便是站在窗前望一望外面的天空，也能使我们的生活重新充满活力。

生活是由一件件琐碎的小事组成的，而这些小事就是我们快乐的源泉，只要我们仔细品味生活中的每一点每一滴，就会觉得生活是那么的丰富多彩。比如，下班后，与家人一起品尝美味的饭菜；生病了，能够得到同事和朋友的关心和爱护；工作遇到难题时，有家人的一句简单的宽慰和问候。这些都是生活中最细小、最真实的幸福。

人生是短暂的，我们无法延长生命的长度，但是可以拓展生命的宽度。用心享受每一个灿烂的晴天，我们就会发现生活因此而变得丰富多彩，生命因此而变得趣味盎然。尽情地享受温暖的阳光，自由地呼吸清新的空气，悠闲地看着天空中的白云时卷时舒，我们会发现生活中无处不存在令人陶醉的风景。只要我们放慢自己匆忙的脚步，停下来静静地体会，就可以享受上天赐予的浪漫和美好。

并不是乌托邦才拥有自由和美好，并不是世外桃源才拥有幸福和快乐。只要我们热爱自己的生活，只要我们真心享受生活中的每一天，人生无时无刻不是幸福和快乐的，哪怕人生的道路是那么短暂，哪怕人生充满了挫折和苦难。

享受灿烂的每一天并不是要我们及时行乐，也不是要我们荒废工作。生活是一种享受，工作也是一种享受，真正地享受生活就是要求我们在越来越喧闹的世界中，拥有从容豁达的心境。真正地享受生活就是珍爱自己也珍爱别人，摆脱无休止的忙碌，实实在在地享受每一天。

人生最大的幸福就是追求内心的快乐和自在，工作时，兢兢业业，尽心尽责地做好自己的事情；但是不要忘记在工作之余尽情地享受美好的生活，享受人生中灿烂的每一天。在闲暇之余，享受一杯浓郁的咖啡，阅读几本自己喜欢的书，或是与三五好友逛逛街、聊聊天，自然会使心情愉悦轻松。即便什么也不做，闭着眼睛享受阳光的温暖，或是倾听窗外淅淅沥沥的小雨，生活中也能充满了惬意和美好。

当你笑时，整个世界都对你笑

拥挤的地铁中，有一对年轻的恋人站在我的前方。他们静静地依偎在一起，亲热地闲聊着，虽然我就在他们不远处，但仍听不到他们的谈话。不过，却可以听见女孩不时地发出清脆的笑声，这也引起了众人的注意。

我猜测这对恋人定是一对年轻貌美的佳偶，因为女孩的身材高挑、匀称，红褐色的卷发在后背呈现出几个大波浪。女孩身穿一条时髦的吊带裙，勾勒出性感优美的线条。女孩和爱人的互动吸引了许多人的眼目，他们眼中似乎透露出一丝惊讶、一丝艳羡。我不禁猜测，这个女孩是何等美貌，竟然让所有人都露出惊讶的表情。我心中充满了好奇，想看一看女孩那溢满幸福的面容是什么样子。但是由于车厢内异常拥挤，女孩始终没有回头，所以我一直没能看到她的面容。

后来，女孩开始轻声哼唱《泰坦尼克号》的主题歌“My Heart Will Go On”，优美的嗓音将那首缠绵悱恻的歌曲唱得韵味十足。我想，只有足够自信的人，才会在人群中肆意地歌唱；只有生活幸福的人，才会在公众场合毫不保留地展现自己的幸福。

不久，我到了下车的站台，恰巧那对恋人也在同一站台下车。这让我有了机会看到女孩的真正面容。然而，当看到她的脸时，我惊呆了。我看到的不是一张绝好的面容，而是一张烧毁的脸，甚至可以用触目惊心来形容。我十分惊讶，这样的女孩怎么会有这么强大的内心，怎么会有那么快乐的心境。

当我向朋友讲述这件事情时，朋友感慨道：“我只能说，上帝是公平的。它虽然给了女孩不幸，但是也给了她好的心情。”

女孩是不幸的，因为上天给她带来了不幸，给了她一张烧毁的脸。但女孩更是幸运的，因为她拥有强大的内心，拥有乐观的心境。正是因为如此，她每天都过着幸福快乐的生活；正是因为如此，她才拥有足够的自信在拥挤的人群中痛快地歌唱；正是因为如此，她才收获了美好的爱情，收获了令人羡慕的幸福。

其实，决定我们幸福的不是上帝，也不是外界因素，而是我们自己。世界上没有不幸福的人，只有不肯幸福的心。即便我们的生活遭遇了不幸，也要让自己的脸上充满笑容，让自己保持良好的心情。要知道，即便我们每天都痛哭流涕，每天都哀怨自己的不幸，幸福的生活也不会回来。只有我们改变自己的心境，让自己的内心快乐起来，让自己的脸上充满笑容，幸福才会回到我们的身边。

其实，我们的生活并不全是幸运和幸福，当我们事业有成、爱情美满时，我们自然会幸福地微笑；但是，当我们遇到不幸和挫折时，依然要保持坚强的微笑。因为微笑可以驱走我们心中所有的阴云，因为微笑可以给予我们希望和力量。

珍妮原本觉得自己是世界上最幸福的人，因为她拥有喜欢的工作，一个心爱的侄儿，尽管她没有结婚、没有子女，但是她仍觉得世界是那么美好。然而有一天，她得到了一个消息，她的侄儿因为意外而去世。此时，她的整个世界都塌了，她甚至觉得这个世界已经没有了值得自己留恋的东西。她开始放弃自己的工作，忽视自己的朋友，甚至决定离开这个伤心的地方，到远方去流浪。

就在她收拾行囊的时候，突然发现了侄儿以前写给她的信件。她流着泪再次阅读侄儿的信件，信中有一段话让她感触颇深："我永远不会忘记您的教导：不论走到哪里，不论我们分隔多远，我永远都记得您教我要微笑，要像一个男子汉一样承受所发生的一切。"

她将这封信读了一遍又一遍，觉得侄儿就在自己的身边，不禁想道：我为什么不能按照以往说的那样，无论发生什么事情，都要将自己的悲伤隐藏在微笑之下，继续活下去。

于是她重新恢复了以往的生活态度，开始认真地工作，热情地与朋友相处。她一再告诉自己：我没有能力改变不幸，但是我可以乐观地对待它。

我们都希望过上幸福美满的生活，但是事情往往不随人愿。

但是，不论何时，我们都应该学会微笑，学会给自己一个好心情，这样不幸和痛苦才会远离我们的生活。

法国作家雨果说：“笑，就是阳光，它能消除人们脸上的冬色。”不是吗？生活就像是一面镜子，当你笑时，全世界都会报以微笑；当你哭泣时，全世界都会报以哭泣的面容。当我们以悲观的心境对待生活时，我们的生活就会越来越不幸，越来越痛苦；当我们以良好的心境面对生活时，幸福的生活自然会追着我们跑。

不能跳舞就弹琴吧，不能弹琴就歌唱吧

“不能跳舞就弹琴吧，不能弹琴就歌唱吧，不能歌唱就倾听吧，让心在热爱中欢快地跳跃，心跳停止了，就让灵魂在天地间继续舞蹈吧！”这是一个普通小姑娘的墓志铭，也是一个令人难忘的墓志铭，因为这背后有一个感人的故事。

这个小姑娘的名字叫作露丝，她生活在英国一个叫作达勒姆的小镇。她是一个热爱跳舞的女孩，是小镇舞蹈学校最出色的老师。她每年都会邀请镇上的人们参加自己的生日宴会，并为人们表演最美妙的舞蹈，而她优美的舞姿也得到了众人的赞赏。然而，幸福的生活在她 28 岁生日那一天发生了巨大的转变。在她表演舞蹈时，因做一个高难度的旋转动作而重重地摔在了地上，从此

就再也没有站起来。她患上了一种罕见的神经系统疾病，全身的神经会慢慢地萎缩，最终全身瘫痪。世界上没有任何药物能治愈这种怪病，只能延缓病情的恶化。

原本热情四溢的女孩，如今只能瘫痪在床；原本生日宴会上的优美舞姿，已成为生命中的绝响。很长一段时间，她只能坐在空空的院子中看着在微风中轻轻摇曳的美丽花朵，她好像看到了曾经舞动的自己。

小镇上的人们都为露丝惋惜，人们都以为再也不能参加她举办的生日晚宴了。然而，令人意外的是，次年人们又接到了她的邀请。露丝微笑着对人们说："虽然我不能跳舞了，但是我还可以弹琴。你们尽情地跳吧，能为你们弹琴我一样开心！"她纤细的十指在钢琴键盘上灵活地跳跃，人们陶醉在美妙纯净的音乐之中。

后来，露丝的病情逐渐恶化，除了头部全身都瘫痪了。然而，她30岁生日的宴会如期举行，在晚宴上，她依然微笑着说："不能弹琴，我就为大家唱歌吧！"

不幸的是，在舞会的几个月后，她连声音也失去了。然而，她的生日晚宴还是照常举行了。那一天，她家小院子里挤满了人，就连院外也挤满了人。院子里放着动听的音乐，人们轻快地舞蹈，而露丝却只能躺在躺椅上，只有眼睛还能眨动。但是人们明明在她的眼中看到了微笑，看到了希望。不久，露丝就离开了人世。她离开的那一天，小镇上所有的人都来为她送行，为这个坚强而又乐观的女孩祝福。

原本热爱跳舞的女孩却因为罕见的绝症，而不得不承受全身瘫痪的痛苦。命运给了这个女孩最沉重的打击，但是依旧没有让她失去生活的勇气。

其实，幸福是一件十分简单的事情，只要我们学会用心生活，并心存感激，那么幸福和快乐就会陪伴我们每一天。然而，有些人却不知道其中的道理，他们总是习惯抱怨，抱怨上天，抱怨别人，也抱怨自己。当同事升迁时，他们会抱怨领导有眼无珠；当女友离开时，他们会抱怨女友爱慕虚荣；当遭遇病痛时，他们会抱怨上天的残忍和不公。

然而，他们从来不会在自己身上找原因，从来不会想办法解决目前的困难。于是，在每天的抱怨之中，他们失去了面对生活的勇气，也失去了寻找幸福的能力。我们想拥有好心情，就得从烦恼的死胡同中走出来。好好审视自己的生活，哪些需要我们珍惜，哪些需要我们抛弃。

一位女同事最近遭遇了很大的不幸，因为患了乳腺癌而不得不切除一边的乳房，因此导致结婚多年的丈夫离她远去。但是，我们在她脸上看不到任何怨气，她脸上总是挂着灿烂的微笑，让人感到阳光般的温暖。微笑使她战胜了病魔，微笑使她变得更加自信和美丽。丈夫抛弃患病的她后，她没有向别人哭诉，她总是说："我不想成为祥林嫂般的人物，因为这会让我的生活更加悲惨。既然命运不能改变，我为什么还要自怨自艾呢？"后来，她的疾病被控制住了，并且找到了懂得珍惜她的人，她还是笑着说："我经历了生死和爱情的考验，更感觉了生命和生活的美好，所以我会更加珍惜以后的每一天。"

人生是一个美丽的过程，但总有一些东西无法复制，总有一些事情不能重来，既然我们无法改变这些，就应该珍惜人生的每一天，珍惜身边你爱的人和爱你的人，我们的生活才能摆脱痛苦，才能看到另一片美好的天地。

我们在生活中遭遇不幸时，应该怎么办？是无奈、叹息、怨恨，还是平静、淡然、乐而处之？心往好处想，不论何时，不论何事，只要我们还拥有生命就应该向好处想。因为一念天堂，一念地狱。只要我们用乐观的心情来感受生活，那么我们就生活在天堂之中；如果我们以悲观的心情来抱怨生活，那么我们将始终陷于地狱的水深火热之中。幸福是用心来感受的，我们的人生可以没有名利、金钱，但是必须拥有美好的心情。

生活是快乐还是痛苦，取决于自己

世事难料，倒霉的事情谁也不想发生，但是如果真的发生了，我们应该怎样面对呢？如果用悲观消极的心态来看待，那么生活中将永远充满烦恼和不幸；如果换一个角度来看待，那么生活中所有的烦恼和忧愁都会烟消云散。我们应该以乐观、豁达、健康的平常心来面对每一件事情，这样生活才会更加美好和幸福。

苏格拉底年轻时，因为生活贫困，不得不与几个朋友挤在一间只有七八平方米的小屋里。虽然生活艰苦、环境简陋，但他每天总是乐呵呵的。别人问他：“那么多人拥挤在一起，连转身都十分困难，你有什么高兴的？”苏格拉底笑着说：“与朋友在一起，可以随时交换思想、沟通感情，这难道不是值得高兴的事情吗？”

后来，朋友们相继结婚成家，先后搬离了那里。最后那里只剩下苏格拉底一个人，但是他依旧每天过得十分快活。那人又问：“你现在一个人孤孤单单地生活，为什么还这么高兴？”苏格拉底说：“这里有很多书啊！每一本都是我的老师，我可以随时向这么多老师请教问题，这难道不令人高兴吗？”

几年后，苏格拉底也结婚成家了，搬进了一座大楼里，而苏格拉底住在底层。底层楼房环境异常恶劣，楼上居民总是向楼下泼污水、丢垃圾，甚至还丢死老鼠，但是苏格拉底还是一副自得其乐的样子。那人又好奇地问：“现在环境这么差，你也感动高兴吗？”苏格拉底不以为然地说：“住在一楼还有很多好处啊！不用爬楼梯，搬东西不必花费很大力气，朋友来访可以轻易找到我家。最令我满意的是，我可以在空地上养一些花花草草，种一些喜欢的菜。这样的生活多么有乐趣啊！”

后来，苏格拉底将底层房子让给了一位朋友，因为这位朋友家中有一位瘫痪老人，上楼下楼很不方便。这样，苏格拉底搬到了最高层，那人故意揶揄地说：“你现在住在高层是不是也有很多好处啊？”苏格拉底高兴地说：“是啊，我每天上楼下楼，可以锻炼身体。高层光线良好，我可以舒适地看书写文章。还有就是顶层没有人干扰，每天都十分安静。”听了苏格拉底的话，那个人再也无话可说了。

后来，那人遇到苏格拉底的学生柏拉图，便问道：“你老师每天都快快乐乐的，可是他每次所处的环境都不是那么好，这是为什么呢？”柏拉图说：“那是因为决定一个人心情的，不是环境，而是心境。”

不错，我们活得快不快乐，取决于我们是否拥有快乐的心境。心境不同，所得到的感受也迥然有异，或晴空万里或乌云密布，或幸福快乐或忧愁痛苦，全在于我们自己的选择。

任何对生活的抱怨和不满都是无济于事的，因为即便我们再抱怨也改变不了客观环境，反而让我们的心情越来越糟糕。若能乐观地看待这一切，豁达平淡地度过每一天，我们会发现，无论什么样的生活都影响不了我们快乐的心情。同样的瓶子，我们为什么不装满美酒而要装满毒药呢？同样的心灵，我们为什么不充满快乐而要充满烦恼呢？

我们都曾经让客观环境影响过自己的心情，比如良好的环境让我们快乐，而恶劣的环境让我们悲伤。究其原因，是因为我们没有调整好自己的心态。我们的生活快乐不快乐，完全看自己的心态，凡事都能顺其自然、淡然处之，那么我们的生活就会充满阳光，人生就会充满幸福快乐。

一位朋友给我讲述了一件亲身经历的事情：有一次他乘坐轮船去旅游，一位老人坐在他对面看报纸。突然一阵大风将老人的帽子吹到了大海中，可他只是看了看正在飘落的帽子，然后又继续读报纸。朋友提醒老人说：“先生，您的帽子被吹到大海里了。”老人抬头微笑地对朋友说：“我知道了，谢谢你！”朋友不解地问：“那顶帽子一定很贵吧，您不感到心疼吗？”老人说：“是的，那顶帽子确实很贵重，所以我正考虑再买一顶便宜一些的。帽子丢了，我很心疼，可是它还能回来吗？”说完，老人又开始悠闲地看起报纸来。

我们的生活中到处是鲜花和荆棘，到处是快乐和烦恼，面对烦琐的生活，我们应该学会调节自己的心态，选择快乐的生活方式。拥有美好的心态、快乐的心情，人生之路才能越来越好走。

幸福不是一种状态，而是一种心态

有一位哲人说：“幸福不是一种状态，而是一种心态。”我认为这句话千真万确，我们生活在世上，有一种积极豁达的心态就是我们幸福的源泉。

与几位分别多年的大学同学一同去拜访辅导老师，期间大家谈论起各自的生活状态，每个人都满腹牢骚，抱怨连连。我们纷纷述说着自己生活的不如意、工作的压力以及事业的阻碍，等等。老师笑着倾听大家的抱怨，等大家发完牢骚之后，拿出几个杯子放在了茶几上，并倒水给大家喝。茶几上的杯子有的做工精美，有的做工简陋；有的看起来高贵，有的看起来普通。于是我们便挑选自己喜欢的杯子喝水。

老师笑着对我们说：“大家口渴时需要喝水，但是会费心挑选自己喜欢的杯子。这犹如我们的生活，如果生活是水，那么工作、事业、金钱等就是杯子，杯子只是我们盛水的工具，它的好坏美丑并不影响水的质量。如果我们将心思都花费在杯子上，那么怎么还有心情去品尝水的甘甜呢？”

人生中的财富、地位、名利都是让人欲罢不能的东西，但是这些只不过是装点我们生活的装饰品。可是，很多人将生活的重点放错了地方，从而让生活失去了真正的意义。事实上，我们真的获得这些东西之后，就会获得幸福和快乐吗？很多人工作顺利、衣食无忧，拥有大房子，拥有豪华的车子，但是如果我们问他现在觉得幸福吗，或许很多人会给出否定的答案。因为他们的生活中还是充满各种各样的问题和烦恼，比如复杂的人际关系、职场的压力、生活的烦恼等。总而言之，他们没有幸福的感觉！

所以说，幸福是发自内心的一种感觉，它不是取决于我们的生活状态，而是取决于我们的心态。我们的内心觉得自己是幸福的，那么我们的生活就是真正幸福的。比如，一个人每天都忙碌不已，身体疲惫不堪，生活艰苦贫穷，可是他感觉靠自己的劳动养育子女就是幸福，那么他的生活就是幸福的；而另一个人生活富裕，住着高级的小洋楼，过着舒适豪华的生活，每天可以在花园中散步，但是他感觉自己除了拥有金钱外其他一无所有，那么他的生活就是不幸福的。幸福并不在于我们过着怎样的生活，而在于我们内心的感受。

从前，有一个年轻人，整天愁眉不展，认为自己是世界上最不幸福的人。于是他每天都向上帝祈祷，期望上帝指点他找到幸福。上帝被他的虔诚所感动，便派给他一位天使。天使将年轻人带到一个神秘的峡谷，告诉他这就是“幸福峡谷”，凡是到过“幸福峡谷”的人都可以找到人生的幸福。

年轻人瞬间被“幸福峡谷”的美景迷住了，只见峡谷中有一条清幽的小溪，溪水两边是葱郁的绿树和盛开的花朵，美丽的峡谷给人以清幽寂静的感觉，让人感觉心旷神怡。天使对年轻人说：“每个人一生只能来这里两次，你一定要好好地珍惜机会。”说完，天使就消失在年轻人的眼前。年轻人享受着眼前美丽的景色，自己的内心仿佛被清水冲洗过一般，往日的烦恼和忧愁都烟消云散了。当夜幕降临时，年轻人恋恋不舍地离开了“幸福峡谷”。

从此，年轻人的生活态度发生了巨大改变，因为他知道这世界上有“幸福峡谷”的存在，他找到了幸福的方向。他也记住了天使的告诫，不能轻易动用自己的机会。每次遇到困难和问题的时候，他都尽自己最大的努力去解决，因为他知道不到万不得已自己不能再前往“幸福峡谷”。令人没有想到的是，在他的努力下，所有的难题都迎刃而解了，他的生活和心情也有了很大的改善。后来，年轻人获得了事业的成功，成为当地赫赫有名的成功人士。在人生的最后时刻，他再次来到了“幸福峡谷”。

当他跪在峡谷中感谢上帝给他无限幸福时，天使再次出现在他面前，对他说：“你所有的幸福都是靠自己的双手创造的，上帝只会赐福给那些肯努力改变自己的人。”已经年老的他不解地问道：“难道这不是‘幸福峡谷’的魔力吗？”天使微笑着反问道：“难道你真的觉得这个峡谷有魔力吗？你觉得这里与别的峡谷有什么不同吗？”老人听完天使的话后陷入了沉思，他认真地观察了眼前的峡谷，过了很长时间才恍然大悟。

所谓“幸福峡谷”只是一个普通的峡谷，根本没有什么令人幸福的魔力。年轻人以前之所以认为自己不幸福，是因为他将心思全部关注在不幸、烦恼、失败之上。后来，他拥有了追求幸福的信念，找到了怎样寻求幸福的方向，所以他感到了幸福。

我们一生都在追求幸福，都希望获得幸福快乐的人生。但是幸福究竟是什么呢？不同的人有不同的理解，不同的人有不同的幸福。一无所有的穷人说有钱就是幸福，忙碌不堪的富人说悠闲舒适的生活就是幸福，漂泊他乡的游子说回家就是幸福，而失去光明的人说看见蓝天就是幸福……总而言之，每个人都有对幸福的理解和追求，而所有的幸福都取决于我们对于生活的态度。

我们都希望自己能过上幸福的生活，但是我们应该记住，幸福与金钱无关，与事业无关，与所有人生中虚幻的东西无关。幸福仅仅是一种内心的感觉，一种真心感受生活的幸福感觉。正如于丹所说的那样，我们的眼睛，总是看外界太多，看心灵太少。幸福又何尝不是如此？